旺仔成龍

蔡衍明成長的起點

▲蔡家全家福，前排右二為父親蔡阿仕，右三為母親蔡陳招，么兒蔡衍明站在母親懷中。另外前排右一為大姊蔡澄江，左一為姊夫鄭俊達醫師，手中抱著不滿三歲的現任旺旺醫院執行長鄭文憲。後排右一則是大哥蔡衍榮。攝於大稻埕老家蔡合源宅第。拍攝全家福這一天，是蔡阿仕父親一百歲的冥誕，也選擇在這一天捐贈圖書館。蔡衍明說，他從小拍照就習慣拉長了臉。宜蘭食品提供

▲蔡衍明的父親經營台北市承德路的中央戲院，是當年放映日本片與台語片的熱門戲院，蔡衍明可說是出生在台灣電影黃金年代的「中心」。宜蘭食品提供

◁蔡衍明父親時代的公司匾額，至今仍懸掛老家家中。遠流資料室／林士蕙攝

▲當年中央戲院外的承德路一景，路上的車輛載來南北廢鐵和各式貨物，蔡衍明父親就從拆鐵業起家。宜蘭食品提供

▲蔡合源宅第位於中央戲院對面，樓下總是人山人海川流不息。這裡也是旺旺集團發跡的福地。宜蘭食品提供

◄今日承德路的蔡合源宅第外觀。蔡衍明父親蔡阿仕當年就已蓋起三層樓石砌洋房，蔡衍明記得有一次大伯在書上寫自己「白手起家」，結果祖父非常生氣。遠流資料室／林士蕙攝

北宜公路跑透透

十九歲頭家接掌宜蘭食品

◀1976年，19歲的蔡衍明一個人到宜蘭，接手宜蘭食品工廠。宜蘭食品新城廠原本以農產品加工為主，這是外銷洋菇罐頭的生產線。宜蘭食品提供

▶蘇澳的聖湖廠房則以各式品牌罐頭加工為主，圖為魚罐頭的入罐作業。宜蘭食品提供

▼早期的宜蘭食品工廠外貌。宜蘭食品提供

▲蔡衍明接手宜蘭食品後，工廠生產逐漸上軌道，也開始轉型做內銷罐頭。

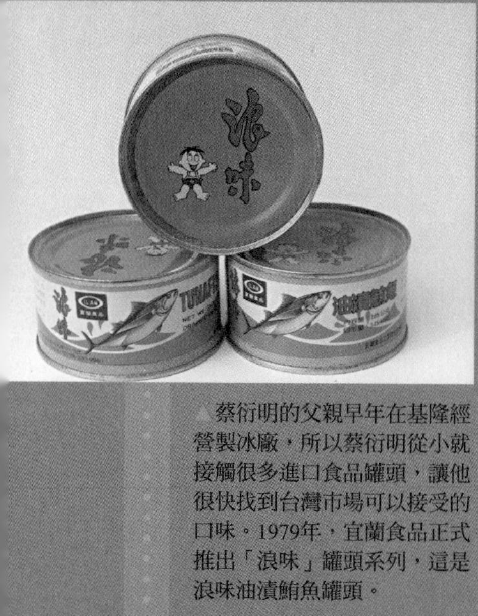

▲蔡衍明的父親早年在基隆經營製冰廠，所以蔡衍明從小就接觸很多進口食品罐頭，讓他很快找到台灣市場可以接受的口味。1979年，宜蘭食品正式推出「浪味」罐頭系列，這是浪味油漬鮪魚罐頭。

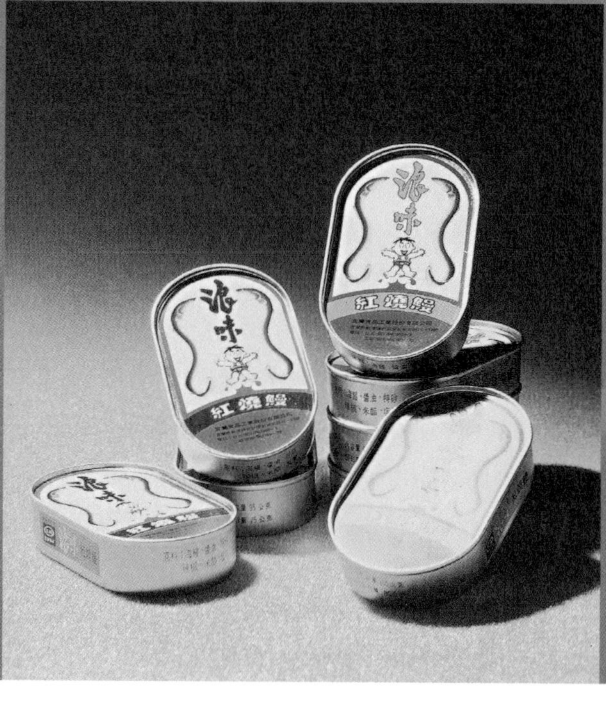

▶浪味的紅燒鰻罐頭，浪味這個品牌名稱是取「海浪裡的口味」之意。

新潟仙貝和神酒傳奇

與岩塚製菓結緣的開始

▲1981年，蔡衍明發現盛產稻米的台灣很適合生產米果，歷經多次聯繫與拜會都不放棄，終於爭取到日本岩塚製菓的支援，岩塚社長槇計作（右）與蔡阿仕（左）於簽約儀式會場合影。

▲早期宜蘭食品生產米果的工作現場。員工全部是當地純樸居民，而上百萬的包裝機，是蔡衍明最後孤注一擲的投資。

◀蔡衍明帶領宜蘭食品轉型，1983年開始投產米果，由浪味罐頭時代進入旺旺米果時代。

▶宜蘭食品與岩塚製菓的正式合作簽約典禮，左一是不滿三十歲的蔡衍明，左二是代表簽約的父親蔡阿仕。
以上兩頁照片皆宜蘭食品提供

生產與品質的自信

由五感之米製造出香脆米果

▲磨好的米粉放進大鍋爐「蒸煉」，變成米糰，然後加入溫水捏揉，使米粉變得像一大團麻糬，再由機器壓成像一塊布，稱為「米布」。

▼米布完成後，用模具印成一塊一塊的米果形狀。

▼製作米果的第一個步驟，是將精選的稻米浸泡在清水中幾個小時，然後送往研磨機研磨成米粉。要做愈精緻的米果，米粉就要研磨得愈細緻愈好。

▲生地再經乾燥、燒上、膨發和著色等各個步驟之後，表皮變成誘人的金黃色，最後進行「味付」的調味階段，就成為香脆迷人的米果了。

▲壓成一塊塊的米果形狀後，再送入「流動層乾燥機」停留三個半小時，讓水分逐漸降低，最終成為泛著白玉微光的乾燥片，即所謂的「生地」。

▲所謂的「產品品質」，必須通過顧客的認定才算合格，因此消費者最先接觸的外包裝也很重要，要很堅固、安全，又容易打開、容易食用。

以上兩頁照片皆亞洲週刊圖片／葉堅耀攝

哪邊熱情往哪邊去！

旺旺正式登陸湖南

华湘进出口公司
旺有限公司合作举办湖南旺旺食品有限公司签字仪式

▲1992年，蔡衍明（前排中）帶領旺旺與湖南華湘集團簽約合作，成立旺旺在大陸的首家企業：湖南旺旺食品有限公司。

▲這項合作案是大陸改革開放以來，湖南省規模最大的外商投資案，湖南引進了現代化農產深加工產業，旺旺的產品則可以內銷中國市場，就此奠定自有品牌之基礎。

▼旺旺沒有選擇交通便利的沿海省分，而是選在沒水、沒電、沒馬路的內陸省分湖南，這看似逆向思考的決定，完全是衝著湖南人的熱情，最終奠定了旺旺在大陸興旺發展的最佳基礎。

▲旺旺的專業與效率，加上湖南當地全力打造基礎建設，讓這個企業聯姻帶動地方發展，旺旺也在大陸快速建立優良的發展基礎。
以上皆宜蘭食品提供

◁彩頁續接第153頁

口中之心

蔡衍明兩岸旺旺崛起

張殿文 著

《實戰智慧館》

出版緣起

王榮文

在此時此地推出《實戰智慧館》，基於下列兩個重要理由：其一，台灣社會經濟發展已到達了面對現實強烈競爭時，迫切渴求實際指導知識的階段，以尋求贏的策略；其二，我們的商業活動，也已從國內競爭的基礎擴大到國際競爭的新領域，數十年來，歷經大大小小商戰，積存了點點滴滴的實戰經驗，也確實到了整理彙編的時刻，把這些智慧留下來，以求未來面對更嚴酷的挑戰時，能有所憑藉與突破。

我們特別強調「實戰」，因為我們認為，唯有在面對競爭對手強而有力的挑戰與壓力之下，為了求生、求勝而擬定的種種決策和執行過程，最值得我們珍惜。經驗來自每一場硬仗，所有的勝利成果，都是靠著參與者小心翼翼、步步為營而得到的。我們現在與未來最需要的是腳踏實地的「行動家」，而不是缺乏實際商場作戰經驗、徒憑理想的「空想家」。

我們重視「智慧」。「智慧」是衝破難局、克敵致勝的關鍵所在。在實戰中，若缺乏智慧的導引，只恃暴虎馮河之勇，與莽夫有什麼不一樣？翻開行銷史上赫赫戰役，都是以智取勝，才能建立起榮耀的殿堂。孫子兵法云：「兵者，詭道也。」意思也明指在競爭場上，智慧的重要性與不可取代性。

《實戰智慧館》的基本精神就是提供實戰經驗，啟發經營智慧。每本書都以人人可以懂的文字語言，綜述整理，為未來建立「中國式管理」，鋪設牢固的基礎。

遠流出版公司《實戰智慧館》將繼續選擇優良讀物呈獻給國人。一方面請專人蒐集歐、美、日最新有關這類書籍譯介出版；另一方面，約聘專家學者對國人累積的經驗智慧，做深入的整編與研究。我們希望這兩條源流並行不悖，前者汲取先進國家的智慧，作為他山之石；後者則是強固我們經營根本的唯一門徑。今天不做、明天會後悔的事，就必須立即去做。台灣經濟的前途，或亦繫於有心人士，一起來參與譯介或撰述，集涓滴成洪流，為明日台灣的繁榮共同奮鬥。

這套叢書的前五十三種，我們請到周浩正先生主持，他為叢書開拓了可觀的視野，奠定了紮實的基礎；從第五十四種起，由蘇拾平先生主編，由於他有在傳播媒體工作的經驗，更豐實了叢書的內容；自第一一六種起，由鄭書慧先生接手主編，他個人在實務工作上有豐富的操作經驗；自第一三九種起，由政大科管所教授李仁芳博士擔任策劃，希望借重他在學界、企業界及出版界的長期工作心得，能為叢書的未來，繼續開創「前瞻」、「深廣」與「務實」的遠景。

《實戰智慧館》

策劃者的話

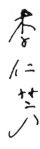

企業人一向是社經變局的敏銳嗅覺者，更是最踏實的務實主義者。

一九九〇年代，意識形態的對抗雖然過去，產業戰爭的時代卻正方興未艾。九〇年代的世界是霸權顛覆、典範轉移的年代：政治上蘇聯解體；經濟上，通用汽車（GM）、IBM虧損累累——昔日帝國威勢不再，風華盡失。九〇年代的台灣處於價值重估、資源重分配的年代：政治上，當年的嫡系一夕之間變偏房；經濟上，「大陸中國」即將成為「海洋台灣」勃興「鉅型跨國工業公司」（Giant Multinational Industrial Corporations）的關鍵槓桿因素。「大陸因子」正在改變企業集團掌控資源能力的排序——五年之內，台灣大企業的排名勢將出現嶄新次序。

企業人（追求筆直上升精神的企業人！）如何在亂世（政治）與亂市（經濟）中求生？外在環境一片驚濤駭浪，如果未能抓準新世界的砥柱南針，在舊世界獲利最多者，在新世界將受傷最大。

亂世浮生中，如果能堅守正確的安身立命之道，在舊世界身處權勢邊陲弱勢者，在新世界將掌控權勢舞台新中央。

《實戰智慧館》所提出的視野與觀點，綜合來看，盼望可以讓台灣、香港、大陸，乃至全球華人經濟圈的企業人，能夠在亂世中智珠在握、回歸基本，不致目眩神迷，在企業生涯與個人前程規劃中，亂了章法。

四十年篳路藍縷，八百億美元出口創匯的產業台灣（Corporate Taiwan）經驗，需要從產業史的角度記錄、分析，讓台灣產業有史為鑑，以通古今之變，俾能鑑往知來。

《實戰智慧館》將註記環境今昔之變，詮釋組織興衰之理。加緊台灣產業史、企業史的紀錄與分析工作。從本土產業、企業發展經驗中，提煉台灣自己的組織語彙與管理思想典範。切實協助台灣產業能有史為鑑，知興亡、知得失，並進而提升台灣乃至華人經濟圈的生產力。

我們深深確信，植根於本土經驗的經營實戰智慧是絕對無可替代的。另一方面，我們也要留心蒐集、篩選歐美日等產業先進國家，與全球產業競局的著名商戰戰役，與領軍作戰企業執行首長深具啟發性的動人事蹟，加上本叢書譯介出版，俾益我們的企業人汲取其實戰智慧，作為自我攻錯的他山之石。

追求筆直上升精神的企業人！無論在舊世界中，你的地位與勝負如何，在舊典範大滅絕、新秩序大勃興的九〇年代，《實戰智慧館》會是你個人前程與事業生涯規劃中極具座標參考作用的羅盤，也將是每個企業人往二十一世紀新世界的探險旅程中，協助你抓準航向、亂中求勝的正確新地圖。

【策劃者簡介】

李仁芳教授，一九五一年出生於台北新莊。曾任政治大學科技管理研究所所長，輔仁大學管理學研究所所長，企管系主任，現為政大科技管理研究所教授，主授「創新管理」與「組織理論」，並擔任行政院國家發展基金創業投資審議會審議委員，交銀第一創投股份有限公司董事，經濟部工業局創意生活產業計畫共同召集人，中華民國科技管理學會理事，學學文化創意基金會董事，文化創意產業協會理事，陳茂榜工商發展基金會董事。近年研究工作重點在台灣產業史的記錄與分析。著有《管理心靈》、《7-ELEVEN統一超商縱橫台灣》等書。

序

值得更深入研究的旺旺經驗

司徒達賢（國立政治大學講座教授）

近來學術界十分關心「研究」與「教學」孰重的議題。我的一貫主張是：這兩者應是一體的兩面，學術研究必須有助於提升教學品質，同時高水準的教學也不只是依據教科書照本宣科、逐句解說而已，而應以持續的研究為基礎，不斷充實教學內容，以配合學生將來實際上的需要；至少在我所熟悉的企業管理領域中應該如此。而這本介紹旺旺集團蔡衍明董事長數十年經營歷程的《口中之心——蔡衍明兩岸旺旺崛起》，正好可以說明此一觀念。

「國際化」是當前許多台灣企業在策略上不得不走的路。西方先進國家的大型企業長期累積了豐富的經驗，再加上許多學者的研究，形成了「國際企業」（International Business, IB）這一個學術領域。當台灣企業準備走向國際化時，當然首先會想到如何將外國實際經驗歸納出來的原理、原則轉移給企業界。然而一段時間下來，總覺得實務與理論之間常有隔閡。後來我們才覺悟到：西方國家的國際化，是從「上國」的角度與立場來觀察分析，與我們頗不相同。易言之，這些西方企業在邁向國際化之前，產品品質、品牌形象、技術能力、公司規模等都已相當可觀，加上背後強大的政治與法律力量，遠非我們廠商所能望其項背。西方的學理對國際化過程中的策略、組織，以及與地主國政府及合作夥伴的關係等，都隱約建立在這些前提之上，而這些前提對台灣企業而言，幾乎大多都不存在。

換言之，我們企業的國際化或跨疆界經營，因為條件與情勢的不同，應該與先進國家的思維方式有所區別。而這方面經驗的蒐集、整理、分析、歸納，顯然應該由我們自己的學者，向已經擁有國際化（或跨疆界經營）經驗的台商去請教，並以西方學理的概念、架構以及研究方法，建立屬於我們自己的國際企業理論。

《口中之心》這本書以蔡衍明董事長的發跡與成長為主軸，詳細介紹了他從國外（日本）辛苦取經、吸收技術起家的經驗，也頗為深入地描述了旺旺集團後來在大陸成長與成功的歷程，包括各個發展階段中的策略與環境。

我認為本書最有價值的部分，是對大陸經營環境特色的說明、蔡董事長面對這些環境時的因應方法，以及當時的思維邏輯。例如對消費偏好與消費行為的分析、經銷體系的變化與現狀、當地同業的競爭手法、與政府機關的互動經驗、建立品牌形象的甘苦、在國際籌資與上市時各方利益的整合，以及遍地機會卻又處處暗藏風險的經營環境，本書中都有十分具體而有價值的描述解析。書中以流暢的文字娓娓道來，雖然未能「身歷其境」，但在閱讀時已經極有感受。

坊間常有一些介紹外國企業成敗經驗的書籍，讀來也讓讀者頗有收穫，但畢竟文化、人際關係以及經營環境等方面顯著不同，讓我們所產生的切身感遠不如此書。如果我們能找到更多像旺旺集團這樣有分享意願的企業，可以讓重視本土企業管理研究的學者，更深入地去請教和整理其做法、經驗以及決策時的考量，這些研究成果雖然未必會受到外國學者的重視，但對我們本土企業所產生的效益與貢獻，肯定不低於刊登在世界一流學術期刊上的文章。

序

媒體資本的前世今生

邱立本（《亞洲週刊》總編輯）

蔡衍明是台灣的爭議性人物，但也是不被了解的人物。他在最近的媒體併購案中，被批判為「媒體巨獸」，但恰恰是在漫天的爭論中，他的背景和理念一直鮮為人所知。為何一位從小被父親禁止說國語的小孩、被教導痛恨外省人的台灣人，卻被台獨人士罵他主辦「親中」媒體？為何這位在兩岸以製造米果出名的企業家，卻捲入了媒體事業，並且陷進了爭議的漩渦？

媒體金主的性格，會決定媒體資本的品質。蔡衍明天生的性格就是不信邪，具有「雖千萬人吾往矣」的精神。在他的生命中，多次被別人看扁，也在最後證明別人看錯了他。他在事業上的決策風格，是否也可以看出他在媒體上的決策風格？

媒體資本的品質，其實決定了媒體的未來。《紐約時報》的控股家族索斯柏格（Sulzbergers），由於有一個遠大和高尚的理想，也凝聚了最優秀的媒體人才，因而不斷茁壯發展，終於成為英語世界媒體的傳奇。

但媒體資本的品質，也是一個動態的概念。出身於寒門、從底層拚搏而起的新移民普立茲（Joseph Pulitzer），本來是辦八卦媒體《紐約世界報》（*New York World*），並且被視為「黃色新聞」（Yellow Journalism）的始祖，成為一個爭議不斷的人物，他生前對新聞界的貢獻也是褒貶互見。但他不斷自我提升，在新聞事業上推陳出新，最後他所創立的普立茲獎，更成為美國新聞界專業的標竿。

蔡衍明家族的媒體事業，到底會如何發展，現在還難以定論。但一個成熟的媒體與企業，其實需要不斷與社會互動，也需要讓社會有更多的了解，才能更上層樓。作者張殿文寫的這本企業傳記，其實著重蔡衍明的前半生，對於他開始參與媒體的部分著墨不多，但恰恰是他的企業經驗，讓他的行事風格與價值觀，為他日後處理媒體事業埋下了重要的伏筆。

胡適鼓勵大家寫傳記，追溯人與事的根源，社會才能對自己有更深的認識。而媒體資本的傳記，更是要從它的前世今生說起。因而這本企業傳記就可以讓我們看到，一位台灣之子怎樣在神州大地發現自己生命最璀璨的一面。

蔡衍明衝破了不少台灣本省人對大陸那種恐懼與排斥的局限性，積極推動台灣掌握更多大陸的資訊。他創辦的《旺報》，聚焦在大陸社會的最新發展，開拓了台灣讀者的視野、超越了台灣媒體的盲點，也客觀上消除了民間對大陸的刻板印象。

因而在歷史的長河中，蔡衍明的地位仍待評說。他會成為另一位普立茲嗎？他的媒體品質，會躍升至《紐約時報》的地位嗎？媒體資本的意志，是否可以與媒體理想結合？這一切的疑問，也許都可以在這本傳記中找到答案。

序

開創・回饋——旺旺的成功故事

蕭萬長（前副總統）

一九九〇年代開始，許多台灣本土企業因為經營成本升高，開始轉進到大陸尋求機會。他們，無畏陌生環境的挑戰，勇於披荊斬棘、開疆闢土，並伴隨著大陸的快速崛起而成長茁壯。旺旺集團正是其中的成功典型代表。

旺旺集團的成功，彰顯出集團總裁蔡衍明先生非凡的事業成就，也反映出大陸內需市場的無限前景，對照當前許多亟待轉型的大陸台資企業，尤其具有啟示意義。因此，探討旺旺集團如何在兩岸崛起的這本《口中之心》的出版，就顯得格外有意義。經由作者張殿文先生細密的採訪與嚴謹的寫作，讓讀者不僅能一窺蔡總裁成功的獨家祕訣，更重要的是提供旺旺進軍大陸市場的實戰成功經驗，足為其他亟待轉型的台商企業借鏡參考。

旺旺的發展是從與日本合作開始，進而又在中國大陸成長壯大。作為一個經濟老兵，我對旺旺的發展軌跡深有感觸，因為它印證了台灣企業與日本及中國大陸的特殊關係。旺旺的成功也絕非偶然；書中翔實記錄了旺旺的發展歷程，裡頭有許多實戰成功的寶貴經驗，包括在對的時機到對的地方去、選對合作夥伴、建立產品特色及成功的廣告策略、精確掌握未來市場等等。

我認識衍明兄多年，從這本書更認識他的聰明、自信、毅力及遠見，也可以了解他去大陸奮鬥的艱辛及事業的成就，令人佩服。尤其感佩他在大陸事業有成之後，不忘回饋故鄉。二〇〇八年八月，旺旺響應政府號召回台發行「台灣存託憑證」（ＴＤＲ），成為新政府上台後，首家返台掛牌的海外台資企業，正是他以實際行動愛台灣的真實寫照。

這幾年，衍明兄把他愛台灣的熱情，投放到媒體事業上，衷心期盼，蔡總裁領軍的旺旺中時傳播事業集團，秉持「享用新聞自由必須同時承擔社會責任」的國際新聞學界堅定共識，為台灣樹立公正客觀、善盡社會責任的媒體典範，以成就其回饋台灣初衷。

感謝

有緣相聚，團結旺旺

蔡衍明（旺旺集團總裁）

五毛、一塊的利潤，累積成今天的旺旺集團。

藉此書，感謝數十年來所有旺旺喜愛者的支持，更感激每一位認真辛勤、全力相挺的旺旺人。

謝謝您們造就了今日的旺業。

有緣相聚　團結旺旺

（是口號！是真義！）

目錄

序——值得更深入研究的旺旺經驗 司徒達賢……14
序——媒體資本的前世今生 邱立本……16
序——開創・回饋——旺旺的成功故事 蕭萬長……18
感謝——有緣相聚，團結旺旺 蔡衍明……20
作者序——夢中尚未夢……24
序曲——關鍵一小時……30

第一部 緣……37

第一章 中央戲院……38
第一節——返航，是成就感的分享
第二節——看日片，吹「冷氣」
第三節——不只是「仕」，更是「黑士」
第四節——無畏橫逆

第二章 北宜公路……60
第一節——廠長不幹了
第二節——為自己工作，不是為父親
第三節——魷魚正在吸我的血
第四節——賠到不知道如何記帳的公司

第三章 新潟之雪……76
第一節——每週一信寄往日本
第二節——神酒傳奇
第三節——米都取經
第四節——仙貝，神仙的寶貝

第二部 自信 93

第四章 生產的自信 94
第一節 哪邊熱情，往哪邊去！
第二節 迎接旺旺的八十米雷鋒大道
第三節 到北京找萬里打橋牌
第四節 到工廠挑媳婦

第五章 品質的自信 113
第一節 原料的自信——尋訪「五感」之米
第二節 工藝的自信——冬天幫米果蓋棉被
第三節 流程的自信——用桔色的火焰燃燒
第四節 品保的自信——由外而內的概念

第六章 行銷的自信 129
第一節 堅持款到發貨的原則
第二節 以廣告發動密集轟炸
第三節 旺旺廣告的「蔡總導演」
第四節 黑皮拚勁橫掃市場

第三部 大團結 161

第七章 應有市場論 162
第一節 風味牛奶的崛起
第二節 五連包QQ大進擊
第三節 找不到第二名——多元產品組合
第四節 有嘴有錢，就有市場

第八章 破冰之旅 181
第一節 每三百公里方圓就有工廠
第二節 孤獨的業務代表
第三節 由道歉信展開「破冰之旅」
第四節 認真，就是專業

第四部 世界聚龍 223

第九章 送旺下鄉 202

第一節 不是只有上海北京才有人民幣
第二節 聯合大作戰
第三節 無限的產品，有限的終端
第四節 榮耀之旅

第十章 國際資金 224

第一節 改變新加坡上市規則
第二節 淨利率的祕密
第三節 一百億台幣的選擇
第四節 唱旺下鄉：台灣人如何投資自己？

第十一章 世界戰場 246

第一節 嬰兒米果攻入國際市場
第二節 擁擠的夫妻老婆店
第三節 用IT戰鬥力嚴打
第四節 不景氣，更要拜拜！

第十二章 口中之心 264

第一節 災情就是命令
第二節 入口，更需要品牌
第三節 從「放心」到「創新」
第四節 右手拿筆，左手撫心

續曲 比賽愛台灣 286

致謝 291

作者序

夢中尚未夢

如果我沒離開台灣《數位時代》總主筆一職，前往香港《亞洲週刊》擔任資深編輯，就不可能採訪到經常不在台灣的旺旺集團董事長蔡衍明，那一年Google Map開始推動，地球的大街小巷被搜尋引擎重新定位。

Google Map的照相車開始認識亞洲新世界，而混搭在巷弄間的小柑仔店（大陸叫夫妻老婆店）的經營模式早就超越了「三度空間」，不管是東南亞越南的胡志明市，或是東北亞中國黑龍江省的佳木斯，「品牌」在此像是第四度空間，代表不同於歐美的思維模式。就像《亞洲週刊》編輯部裡，有香港出生、有來自大陸文革前文革後還有八〇後的記者和編輯，每個星期，大家都會為了自己觀察到挖掘到的重要事件而訴說而捍衛，我好像是其中一位「台灣代表」，爭取自己故事的曝光度，用最有影響力的故事來打動《亞洲週刊》的編輯台，而這樣的故事，必須同時具備「時代意義」、「地區影響」和「人物典範」。

蔡衍明做到了，我也做到了，蔡衍明在二〇〇八年終於登上《亞洲週刊》封面，儘管《亞洲週刊》同仁對蔡衍明還很陌生。兩個月後，「投資之神」邱永漢特別到上海參觀旺旺總部，那一天蔡衍明不在，邱永漢對總經理廖清圳說：「我很好奇，《亞洲週刊》為什麼會報導旺旺，現在我終於了解了。」

◆

如果我沒有在四十歲生日前生下老大Chelsea，我不會了解「米果」對小朋友的重要性，這種兼具營養和收涎效果的零食，是歐美主導的食品產業幾乎缺席的一環；而像日本人發明的「蛋酥」，也就是旺旺的「小饅頭」，主原料馬鈴薯澱粉富含磷質，對幼兒早期腦部發展也很有益。二女兒Michelle滿一歲時，我更堅持用十四萬字來架構這個故事。

我不敢說，吃進嘴巴裡的東西，要比手上用、腳上穿的產品製造更不能出錯，但我很肯定食品加工業對農業的重要性，就像水壩之於水。歐洲富強之國如瑞士、丹麥、德國等，從食品加工方式到加工設備的銳意精進，農業，也可以是產業的火車頭，而台灣竟然把許多人才、資源和政策放在科技業和石化業，這實在太笨了；如果以日本作家村上春樹的《日出國工廠》為習作範本，活生生的米果生產線肯定是最好的題材，我如果放過這個題材，那也太笨了。

台灣輕視農業及加工業，好險有蔡衍明做到了，我也做到了，一直到我寫完本書之後移民加拿大，米果和小饅頭都是我最重要的伴手禮，沾有糖霜的「雪餅」更是女兒法語班上最受歡迎的禮物。

◆

如果，這包米果不叫「旺旺」，而是叫「建國」、「復興」，就只能是一般的米果，也不可能從新加坡、香港到台灣先後掛牌，賣到全中國、全華人世界。「旺旺」將是全球商業史中想了解「品牌」不可跳過的章節。

如果，我當初沒有和前中國《財經》雜誌主編胡舒立說好，準備到北京媒體工作，用月薪一萬七千元人民幣做為到當時大陸最好的財經媒體的代價，可惜這個人事案最後沒有得到背後主管單位中國證監會的批准，副主編王爍告訴我原因是媒體有「台灣人」太敏感，我可能不會開始思考個人和台灣媒體的捨離，最終選擇到香港《亞洲週刊》追溯華人產業新的章節。

如果我沒有親炙胡舒立的開創性、《亞洲週刊》總編輯邱立本的歷史格局，更早之前受到《天下雜誌》總編輯吳迎春理想公義的媒體感召、《商業周刊》前總編輯王文靜對人性敏感度的淬鍊，接下來這個一輪資本主義、一輪社會主義升起的時代環境變化，就無法成為財經媒體工作者最好的寫作養分，而希望這個養分也可以給華人企業、華人品牌一點謀略、一點勇氣、一點視野，打造更幸福、更有內涵的生活方式，像本書主編心瑩知道我在編輯過程中最多的抱怨是：如果王雪紅能早一點看見這一本書，學一點蔡衍明的通路謀略、產品線安排邏輯、品牌促銷的細膩，宏達電今天不會跌得這麼重。

◆

如果，沒有坐上那一部計程車，我可能不會感受到蔡衍明的「民間影響力」，那一次我從忠孝東路坐計程車到西寧北路，車抵達時，司機發現這裡是旺旺台北總公司，他告訴我：「我聽客人說，台灣曾到澳門賭博的大老闆裡，唯一沒有在賭桌上輸過的就是旺旺老闆！」

我把這個故事告訴蔡董，他又氣又好笑地說：「我只是沒有倒啦！」和我以前採訪過成千上百的台灣老闆不同，他不是強調自己每天工作十四個小時的工作狂，也不是諄諄教誨、滿口理論的企業導師，他不避諱談自己追求享樂旅行，不避諱談自己的迷失和失敗，要不是本書定位在企業經營歷程，我會多打探一些他買下小島和遊艇的過程。

我記得有一次和老長官詹偉雄在台北侯布匈（Robuchon）餐廳吃飯，他一面透露不甚滿意的表情，一面和我分享一個論點：他認為有錢人對社會有一重要責任，就是他們要想辦法創新和提升各種生活體驗，因為他們有這個資源和自信，甚至直覺。

從這個角度來看，過去王永慶教我們喝咖啡要打包砂糖，或是郭台銘教我們上班要坐鐵椅子，這些首富們有沒有善盡「社會責任」我不知道，但是我誠心希望自己未來碰到的「首富」，可以為這個社會帶來更多個性化、歡樂式的致富之道，而不只是對抗壓力和辛苦。儘管蔡衍明的成功背後，壓力和辛苦也絕不少，但就一種經營者典範來說，如果他不是用品牌、用感情、用真誠持續和消費者溝通，以此深入十三億人口的市場、以開創新事業來勉勵員工，我想，華人世界並不需要多一本辛苦成功的傳記。

◆

如果不是蔡衍明董事長一直不同意出書，最後我不會決定用第三人稱方式寫完這十四萬字，讓這位近五年來備受外界討論爭議的企業家，以我觀察的面貌，呈現給不了解他的台灣人，以及他始終最愛的這一片土地。

一連串的「如果」，就是「因緣具足」，就是「因緣際會」；更深層思考，有感覺、有觸動，五蘊生起緣由，難怪「緣」歸於「因」，凡事有因，業必有果，極度理性的「物質不滅定律」。

自從二〇〇二年《虎與狐》問世，打破歌功誦德式的企業主自傳格局，雖然台灣沒有像《從A到A^+》的寫作條件和環境，也沒有企業主會像《賈伯斯傳》傳主不看完成品的雅量，但是我仍相信新聞媒體及財經寫作的貢獻，正在於突破環境不良和社會框架，正在於提升正面價值。

撰寫本書這五年，我認為也是蔡董事長銳意改革最激烈的時期，光是我知道的事業單位級（BU級）的組織變革就有三次，其中有重用進入集團不到五年的專業經理人，也有三十年老臣的職務調整；一方面要砍掉不賺錢的品牌，一方面要開拓新的通路；一方面要改善舊的組織，一方面要引進更強的管理技術。過去五年也是中國大陸市場通路前所未有的大變化時期，我希望這本書至少可以記錄在這樣的過程當中，一家台灣企業如何建立品牌和通路的過程。

儘管這五年來採訪了數十位旺旺員工，包括現已高齡八十五的宜蘭食品日文祕書廖坤池，以及曾在緊急時貸款兩百萬元給旺旺的銀行經理（第三章），也不代表這些就是蔡董的真正想法，但是我發現，自己其實是在描寫一個「大家庭」的故事，在這個「大家庭」之中，有挫折失望，也有很多不配合因素，然而面對多變的市場經營環境，一直保持敏感度、一直保持危機感、一直保持對應環境的適應力。

如果說這種天生的敏感度、能夠對應市場的感知能力，是專業經理人的天職，我在這個大家庭的背後看見的，則是一顆堅持不變的心：不隨價格引誘而動搖的心，不隨市場炒作而動搖的心，不隨對手的謾罵而動搖的心，這樣的心需要修鍊，需要定見。

要造就好的因緣業果，「心」很重要。有一連串的「如果」，但是「無心」，則註定緣起緣滅，徒留果業。所謂「歷事練心」，對照旺旺的五條「公司訓」（見第十二章），竟有神似，從「練心」的角度來看，也就是勉勵員工要學習認識、勇於反思，了解自己的能力到底在哪裡，自然不會心有恐慌、存心隱瞞，心則能定。企業也是如此，不會做出錯誤的判斷！

這五條「公司訓」原是蔡董事長自己的「座右銘」，後來他以之帶領員工「經而有驗」，也就是一種「歷事練心」。難怪許多來自大陸各地的官方訪客最常流連在這五句公司訓之前，並對蔡衍明坦言：

「每次我看到這五句，都會有新一層體會。」

不同體會，不同感受，來自對於環境、對於他人感受的敏感，所以才有自我檢討，才有心的精進。所以旺仔娃娃的笑口常開，正展現內在的這一顆心，代表利益有情，利益眾生，口中之心，堅定不移，這是我用為書名之因。

所以我不敢說，賣米果的真會比賣牛仔褲和開銀行的更有能力做好媒體、會比較有良心，但是我從蔡董的「口中之心」看到他對世間的「有情」和「利他」。我和所有讀者一樣也會好奇，也會期待，「口中之心」會開創什麼樣的空前事業？

因為，目前真實的情況是，對岸十三億人口市場，不只是一般民眾，連許多官員參觀旺旺時都會驚訝地說：「啊，原來旺旺是台灣的品牌！」

旺旺，代表的是一種喜悅，一種願望，一種祝福，我們也期待台灣能夠一直保有這種帶給人幸福的能力。帶給全中國甚至全世界的這種力量，雖然最初只是一個出生於台北大稻埕二十歲愛作夢的年輕人，因為硬著頭皮要做孝順的兒子而成為台灣的首富，卻也讓我想到大乘佛教經典《入行論》所言：「夢中尚未夢，何能生利他。」（整句為：「於諸有情先，如是思自利，夢中尚未夢，何能生利他。」）

我把這句話解釋為：「連作夢都還沒有開始，如何能感諸眾生之情而行利他之法？」

三十年後，這本書將見證旺旺是來自台灣的品牌，而人生如夢，希望這本書能夠和「愛作夢」的年輕人分享，或許看看蔡衍明怎麼努力「作夢」，學習如何「作夢」，做為利益他人的開始。

序曲

關鍵一小時

二〇一二年六月十五日，國家傳播通訊委員會（ＮＣＣ）預定舉辦公聽會，討論「中嘉併購案」。原本外界認為旺旺集團董事長蔡衍明不會親自出席，直接面對外界有關資金來源和經營目的的質疑。

事實上，蔡衍明所有的朋友、幕僚也都反對他出席，一名銀行家朋友甚至在前一晚連夜傳簡訊給他：「你出面說的每一句話，都會被背後有心串連者找麻煩！」

但是，一夜難眠後的清晨，他仍決定不顧勸阻，親自出席ＮＣＣ的公聽會。他在清晨六點回給銀行家朋友的簡訊上寫著：「就當做是我的人格保衛戰！」

這是因為他是「心實」，而不是「心虛」。他親自出面說明「中嘉併購案」，大家都嚇了一跳，鎂光燈和攝影鏡頭拚命捕捉畫面。對蔡衍明來說，所有人都是可以溝通的對象，更不用說大家都是台灣人，沒有深仇大恨，所以他常常毫不保留地表達自己的情緒，而且站在第一線面對問題。

但是，他自己出面發言，並不表示他沒有充分授權給主管們負責第一線的媒體策略。前《中國時報》總編輯、現任《時報周刊》社長夏珍還記得，三年前由她主導全報改版，把國際版向前移，蔡衍明從不干涉。「其實過去老先生還在的時候，最喜歡找大家一起來參加改版會議了！」夏珍口中的老先生，是中時集團創辦人余紀忠。

蔡衍明接手中時的二十五年又六個月前，剛從政治大學新聞研究所畢業的夏珍進入時報，看見余紀忠有時坐鎮編輯部，直接和大家討論新聞，那情景宛若昨日。夏珍指出，自從十年前余紀忠的公子余建新接棒之後，每隔一段時間總會有人探討時報「變」了，但其實老先生最怕時報「不變」；而現在，經營者從余家變成蔡家，外界質疑時報「改變」，事實上這一點都不新奇。

「我可以很驕傲地說，一直到今天為止，四大報中最多元化、最能包容異見、最沒有意識形態包袱的，就是我們中時，」夏珍說，「這是中時的傳統！」

這個傳統，也包括余紀忠堅持身後葬回故鄉中國江蘇常州、堅持對民族情感及對中國統一的認同，但他同時讓獨派色彩的新聞工作者保有舞台。這種中國認同與台灣意識並存的現象，代表「包容不同意識形態新聞工作者」的傳統，時報人從不陌生。

決定承接這個「傳統」，蔡衍明感嘆自己投資媒體真是「老天安排」，短短一個小時就做了決定（詳見第十二章），也算一種「緣」吧！他自己從一九七九年開始在電視台製播廣告（詳見第六章），接觸到媒體的營運，一轉眼三十多年過去，年輕小伙子也變成壯年了。

台灣媒體未來的關鍵戰力

旺旺集團投資併購中時集團後，這三年來，讓蔡衍明更清楚看出，台灣媒體產業面對的不只是中國的變化，而是外有全球化的政治經濟動盪、內有數位科技帶來的變革，台灣媒體不能迴避，就要養成「戰力」。

第一種戰力，是未來的跨界經營能力。同樣要做數位設備的投資、人才薪資的付出，但如果因為台灣市場規模的問題、意識形態作祟而跨不出去，甚至有不合時宜的法令切割產業、限制產業，台灣媒體的困境只會加大，媒體人才也會流失得更快。

這也是許多台資、港資的平面媒體一直苦尋機會想走向電視，而電視媒體更想要跨國經營的原因，NCC也在二○一二年九月十九日通過了「電視節目從事商業置入行銷暫行規範」，讓置入行銷可以透過一定的機制活絡整個市場。「這樣全球媒體的競爭觀念，老師有責任向學生說明，在課堂上帶同學討論。」蔡衍明說，在十三億人口市場中，規模是很重要的，而年輕人有熱情、有理想，這是台灣媒體產業的資產，他不會放棄和年輕人溝通。

第二，旺旺中時集團本身掌握趨勢和議題的戰力，到底能不能負荷這樣的奮戰？

一家六十年的媒體集團，能不能持續站在業界的第一線？能不能走過威權時代之後深植於本土？能不能和台灣人民與年輕人站在一起？如果能擁有這樣的戰力，才是蔡衍明願意投資平面媒體、讓時報人放手一搏的信心所在。《中國時報》六十年社慶時，蔡衍明就對主管們宣布，只要中時未來可以賺錢，他一毛錢都不會拿回自己口袋，而是全部用在獎勵員工及培養未來一代的記者。

「這是賣米果和賣牛仔褲的戰爭。」財訊集團發行人謝金河如是形容，他於二○一二年四月二十五日發表〈傳媒大亨之戰——我看黎智英與蔡衍明〉一文，另從國際資本市場觀點來看台灣媒體戰爭的影響，像是四月十八日，台灣的《蘋果日報》以頭版整版新聞刊出〈台灣不能只剩一種聲音／旺旺〉，表態反對NCC通過旺中案。

這個頭版行動，其實已證明台灣不只有一種聲音，謝金河形容這是「兩個集團打成一團」。但他點出二○一二年四月二十日，中國旺旺收盤總市值達一二二六點四二億港元，約值新台幣四六六○點四億元，大約是黎智英壹傳媒集團的七十四點七八倍。「可見兩者相去甚遠。」謝金河說。

台灣的年輕人要有自信

學生熱情及學者理想，都是讓社會進步的力量。蔡衍明想和年輕人溝通的，首先是台灣人自己要有信心，也就是「自信」。

蔡衍明以他自己作為台商為例。台商是長期最遭汙名化的一群，大家一下說台商偷跑大陸、一下說台商勾結大陸，這些現象他不敢說不存在，但是因為這樣就把大陸當敵人就太可惜了；蔡衍明多年前就到大陸市場奮戰，把工廠放在湖南，把總部設在上海，十多年來深深體會兩岸人情冷暖的變化。面對台商地位優勢不再、對岸強勢崛起，台灣媒體有責任針對這種轉變做深入報導，不能一直受制於意識形態而昧於報導、分析、找出應對方法。這是他買下媒體的初衷之一。

現在大陸的經濟實力固然強大，但是只要台灣人善用環境的優勢，改進自己的缺點，勇於認清現實，一定可以迎頭趕上。就像港資平面媒體看似橫掃台灣，但是對社會風氣的影響難以論斷，最後壹電視的經營策略在台灣受阻，壹傳媒股價一度跌到零點五五港元，幾乎創下壹傳媒上市以來最低價。誠如謝金河一文所言：「黎智英要出售台灣業務，壹傳媒股價就會大漲。」

可見香港媒體也有可能在台灣踢到鐵板，因此台灣媒體人當然要有自信。謝金河不針對有線電視系統購併案評論，而是點出蔡衍明與黎智英的強烈對比：「對照壹傳媒的股價跌落到上市以來最低點，旺旺在香港卻屢創歷史新天價，成為在港掛牌的台資企業市值王。」當時謝金河就比《富比士雜誌》還早預言，蔡衍明將成為最新的「台灣首富」。

一九九六年旺旺在新加坡證券交易所上市以來，一直受到國際會計系統準則的嚴格監控，直到二

○○八年轉戰香港上市至今，旺旺集團的淨利率高達百分之二十，然而從來沒有一份國際媒體或外資分析報告指出，旺旺之所以賺錢，是靠中國的補貼或是金援。也因此，蔡衍明每次聽到、看到有人說他買媒體的錢是來自中共金援，或是想拿大陸什麼好處，他就氣憤不已，因為這不但是對他人格的傷害，也是對集團同事努力的誣衊。而這樣的以訛傳訛到了最後，竟然連ＮＣＣ的一些委員也相信了，同樣的媒體資產從余家轉到蔡家，硬生生多了八項附加條款。

這些媒體之間的抹黑造謠，任何人都不會服氣。「後來我想了一想，是不是因為台灣人自信心變弱了，才有恐共、恐美的傾向。」蔡衍明說。

事實上，台灣人能賺全世界的錢，當然有機會賺大陸的錢，甚至台灣人和大陸人可以一起賺世界的錢。「但是台灣人一定要有自信去了解大陸、去結合大陸的力量！」蔡衍明再次強調。

年輕人要愛台灣，多與世界溝通

他想和年輕人溝通的第二點，則是先愛台灣，再愛世界。

年輕人滿腔熱情，但是一定要先從自己及身邊的人愛起，才能愛別人，才能夠團結。就像二○○八年台灣的新政府鼓勵企業回台上市，旺旺就是第一個回台上市的企業（詳見第十章）。

「他其實根本不需要回台上市籌資，因為他手上都是現金。」當初力邀到蔡衍明第一個回台灣投資的前行政院政務委員朱雲鵬說。整整四年之前，朱雲鵬並不認識蔡衍明，只是覺得這名台商絕對比他以前遇到的企業家都還要「台」，也更真誠。

二○○八年馬英九當選總統之後，朱雲鵬負責亞太營運中心的規劃，要把台灣打造成華人的「財富管理中心」，所以擬定了取消遺產稅、爭取台商回台上市等一連串政策，但這需要企業的配合。朱雲鵬力邀多家橫跨兩岸、深耕大陸的集團，包括康師傅和富士康，卻剛好碰上二〇〇八年金融海嘯後的經濟動盪，他沒有想到旺旺會是第一家回台上市的企業。「他真的是為了台灣。」朱雲鵬說。

為了愛台灣，了解大陸就顯得更重要。「大陸，是台灣的禍福所繫！」前《中國時報》總編輯、現任《旺報》社長黃清龍說。蔡衍明創立《旺報》，是為了讓台灣人更了解大陸，不讓有心人利用兩岸隔閡來製造對立，更不用說有些人嘴裡說自己愛台灣，但是言行不一。「說自己愛地球，但是家裡環境亂七八糟的人，年輕人一定不要相信。」蔡衍明強調。

年輕人要注意的第三點是：有機會要多了解大陸的現狀。

蔡衍明對《中國時報》同仁表達得很清楚：大陸的新聞，壞的要報，好的也要報。民眾有「知的權利」，但不是「為反中而反中」，而是應該多與大陸溝通。蔡衍明的立場也很簡單：對於大陸新聞要客觀，不要用有色眼光，恐共、懼共都是不需要的，大陸有很多進步的地方，台灣人有機會應該多看看。

年輕人恐怕不知道，幾十年前台灣最流行的一句口號，叫做「莊敬自強，處變不驚」。當年台灣內部把共產黨叫做「共匪」，每天宣傳「共匪」的可怕，然而外在國際處境又很危急，日本美國陸續和台灣斷交，對岸大陸又時時宣稱要「解放台灣」，所以許多有錢人都想辦法移民國外，想辦法遠離內戰。蔡衍明因為兵役問題，是全家唯一無法出國的小孩，他還記得有一次母親對他說，萬一台灣失守了，「我們一定會想辦法從國外寄錢給你！」

這個不到二十歲的年輕人，很早就開始思考「家破人亡」的感受：萬一全家人都移民了，把他一個人留在台灣呢？所以當蔣經國鼓勵人民而喊出「莊敬自強，處變不驚」，蔡衍明說，他對這句話體會最深，如果說有「恐共心理」，他算很早就經歷過了。

蔡衍明於十九歲那年接下父親的事業，三十九歲帶領企業在新加坡上市，又在五十一歲那年帶領企業轉香港上市。他有飛機、有小島，但少小離家沒多少人認識，一年在台灣的時間也不超過一百五十天，不過他常常飛回故鄉吃魯肉飯，那幾年他過得快活。

但是，他發現自己的故鄉對於中國市場的變化毫無警覺。他投資媒體的目的之一，就是讓兩岸對彼此更了解，因為根據調查顯示，有百分之七十二的台灣人不了解大陸。

而他慢慢發現，他想要促進兩岸了解，卻有許多人不了解他。有人指他「賣米果的不適合做媒體」時，他不解為什麼賣牛仔褲的就合適？有人指他會變成媒體巨獸時，他也不解為什麼外國人就不會？

不放棄任何溝通的機會

「反對媒體霸凌學生！」

「你好大，我好怕！」

二〇一二年七月三十一日，七百位來自全台灣各地的年輕學生，集結在台北市內湖中天大樓前，群情激昂。一名年輕人講到激動處高喊：「我們不要大陸控制我們的言論！」

兩天之後，旺旺集團董事長蔡衍明從手機上看著幕僚為他錄下的影像，淡淡地說：「如果當時我在台灣，一定會拿起麥克風和一張椅子，親自出面和學生們溝通。」

而現在，他願意把他的企業成長故事與更多台灣年輕人分享，不是用麥克風，也不用小椅子，而是透過這本書裡描寫的這個正港台灣小孩，如何從大稻埕展開他的傳奇……

第一部

縁

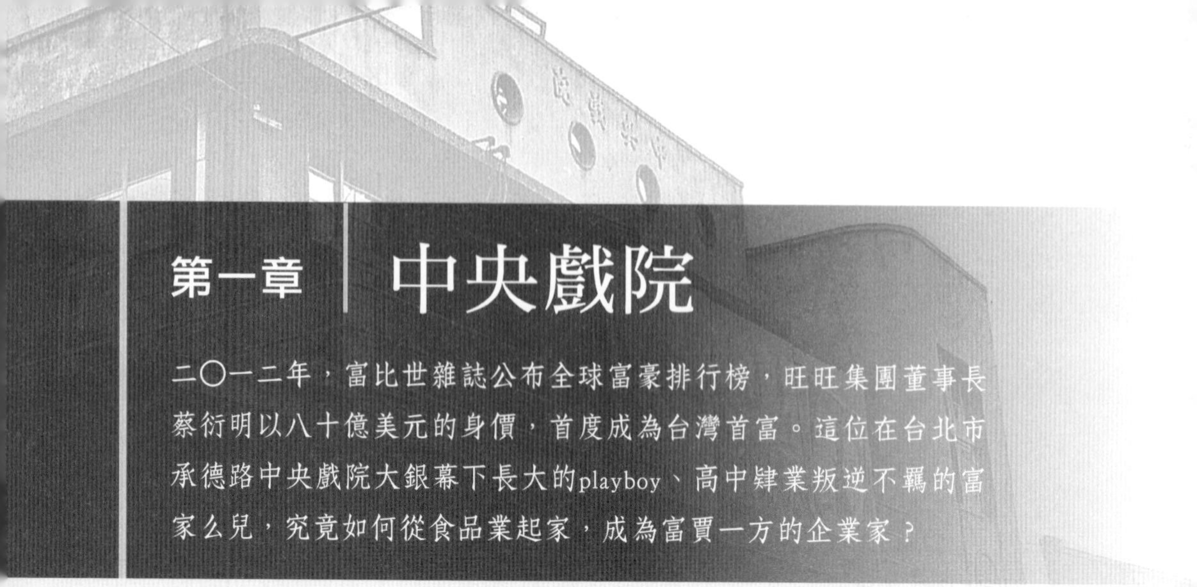

第一章　中央戲院

二〇一二年，富比世雜誌公布全球富豪排行榜，旺旺集團董事長蔡衍明以八十億美元的身價，首度成為台灣首富。這位在台北市承德路中央戲院大銀幕下長大的playboy、高中肄業叛逆不羈的富家么兒，究竟如何從食品業起家，成為富賈一方的企業家？

第1節　返航，是成就感的分享

二〇〇八年十二月十八日，大陸東海岸的上空晴朗無雲。

「呼叫塔台，我這裡是B八〇八一飛機，請求準備出發，完畢！」

「這裡是塔台，B八〇八一請按原訂路線飛行，一路順風，完畢。」

一架紅色「灣流G二〇〇」（Gulfstream G200）飛機緩緩滑進上海虹橋機場的跑道，引擎聲開始變得巨大起來，經過將近一千公尺的加速之後拉起機頭，以四十五度角直衝上一萬英尺天空。

由於晴朗無雲，飛機很快升上五千英尺高度，B八〇八一的正駕駛員，馬上尋找上海直飛台灣最近的路線。「這個航道自從一九四九年蔣介石飛到台灣之後，就沒有飛過飛機了！」塔台人員如此告訴駕駛。

歷史性的直航

這一架灣流G二〇〇型飛機正以每小時五百英里的飛行速

度創造歷史，這是海峽兩岸分隔多年之後，歷史上第一架直航的「公務飛機」。

所謂「公務飛機」就是台灣所稱的「私人飛機」，載著旺旺集團十位在大陸共同打天下的專業經理人，在九十分鐘內從上海飛到台北。「沒有想到可以用這種方式回家！」在旺旺集團超過三十年，曾負責全中國通路的主管黃永松說。

這九十分鐘內的心情起伏很大，十多年前到大陸打拚，每半年才會回一次台灣，每次回台灣都要轉機飛行至少六小時，來回就浪費了半天，返家之路如此漫長，就這樣奮鬥了十多年。

十多年後，旺旺的業績已成長了千百倍，少小離家，帶著業績才老大回。「不知這算不算是一種成就感？」黃永松說。從機窗外看見淡水河蜿蜒流出台北盆地，熟悉的街景映入眼簾，這才發現眼眶已溼潤了。

自從大陸於一九七九年改革開放以來，根據台灣經濟部的統計，台商在三十年間總共在大陸投資了將近一兆美元，但是外界估計的數字更是官方的數倍以上。

更重要的是，在兩岸還有政治隔閡時，台商的活動力讓兩個同文同種的市場緊緊相繫，也參與大陸市場奇蹟式的成長，難怪香港《亞洲週刊》稱台商是兩岸的「心靈奇兵」，為市場打開新路。

飛機很平穩，因為裝有３Ｄ影像的衛星導航裝置，能夠預見百公里外的風雨。

美國灣流公司是全球最大的私人飛機公司，這也是第一架賣進中國的灣流Ｇ二〇〇型飛機，這架旺旺公務飛機更是大陸台商第一架、上海市第一架私人飛機。

旺旺這些共同打天下、拚出成就的幹部們，能夠乘坐歷史上第一架直航私人飛機回台，又締造了另一種「成就」，而與幹部們分享這種雙重的成就感，正是旺旺集團創辦人兼董事長蔡衍明購買公務飛機的第一個目的。

當初買下這架飛機的旺旺採購處長陳建誠正好在飛機上，二〇〇四年開始，他為了和灣流公司議定採購價格，歷經三度談判，差一點破局。「我採購過上百種產品，但是從來沒有買過私人飛機，老闆說，一切讓我負責，我的壓力可大呢！」陳建誠說。

蔡衍明為何早在二〇〇四年就大膽開始採購飛機？陳建誠透露，蔡衍明當時就已觀察到，中國企業的發展在未來會像許多美國大企業一樣，搭乘私人飛機四處洽公，翱翔於廣闊無邊的大陸市場，因此購買飛機是大市場企業的趨勢。

「我們要做全中國的生意，中國太大，早晚都要買飛機，不如先買，而且可以提早享受這一種成就感。」蔡衍明率直地說。

其次，從美國的發展經驗來看，經濟一旦開放成長，企業多如雨後春筍，難分良莠，這時企業專用的飛機就成為一流企業的表徵。未來，同樣的情況也會在中國發生：企業太多，名車與豪宅已經無法成為企業的實力表現，這時也會像美國企業一樣，私人飛機表現的層級讓人一目瞭然，這不是名車名錶可以取代的！

再者，是讓客戶印象深刻、生意更好做。

像陳建誠馬上就觀察出購買飛機的效應，許多客戶一見面，便向旺旺打聽在中國擁有私人飛機的情況，成為和客戶之間切入的話題。後來其他台商如郭台銘、徐旭東等，都是採用灣流的機型，不過只有蔡衍明的飛航執照是中國航班「B」開頭編號，不像其他台商企業執行長的執照仍是掛著國際航班的「N」開頭編號。

五千年第一次的先機

有趣的是，蔡衍明自己並不在本世紀兩岸公務機首航的飛機上，而把「成就感」留給共同打拚的兄弟們。當時他人在台灣開會，向一批準備外派到大陸的幹部講話：「這是中國五千年來第一次向全球開放自己的市場，這是五千年才有的機會，我們要好好把握呀！」

蔡衍明遇到國外的朋友，則改變描述方式：「你能想像全球百分之二十的消費人口市場，第一次對外全面開放嗎？」

不管是宋元之際的馬可孛羅、明清時代的西方傳教士，還是工業革命之後西方列強仗著船堅炮利打開中國的通商口岸，西方人向來覬覦這個過去由傳統封建的君主王朝所閉鎖的廣大市場。這裡擁有極多的人口，以及最豐富的茶葉、絲綢、瓷器。

蔡衍明就語重心長地說：「大家要知道，中國是一個關起門來也可以自給自足的國家！」

但市場規模愈大，隔閡也愈深。許多西方領導人都承認自己不了解中國，即使台灣的電腦品牌之父施振榮都認為，要把中國看做「不一樣的地方」。

但是另一方面，西方又亟欲在大陸「改革開放」之後三十年間打開市場，想要攻占這人口十三億的市場，於是挑戰接踵而至，挫折、失望不斷。

第一個挑戰是，全球企業都想在中國建立一個十三億人口能有共鳴、琅琅上口的品牌，這是文化和生活上的挑戰。

第二個挑戰是款到發貨。全球企業在中國建造內需通路，都會碰到如何順利收款的問題。中國土地廣闊，生意做得愈大，營運上的「應收帳款」一定愈來愈大，需要的現金也愈多，所以許多專家認為，若沒有完善的管理，貨品「鋪得愈多、死得愈慘」（見第六章），這是基礎建設和通路的挑戰。

第三個挑戰是品質的挑戰，包括仿冒和低價競爭，讓全球企業投資愈大、損失愈多，這是法令和人性的挑戰。連蔡衍明也提醒內部員工：「旺旺的品牌力愈強，品質風險就愈大！」

飛機飛至半途，整個機身突然開始傾斜，海面一下子斜斜出現在機身另一邊。原來飛機要往西南方轉折，一直到轉了四十五度角，才讓機身開始回正。

經而有驗，才有收穫

不是兩岸直航嗎？為什麼要往西南方轉折？

原來這個轉折是為了辨識航道，先向西南方飛航，尋找到這個航道的角度，大約飛行五分鐘，再重新調成對準台北松山機場的航道。

這個小小的「Z」字型轉折，也讓兩岸的飛航更有效率，飛機不到五分鐘已飛過中線。

旺旺也曾經歷所有外國企業進入大陸的挑戰，而且不只是在沿海城鎮布局，更是深入內陸。一九九三年，旺旺正式在湖南長沙投資。湖南是農民最多的省分之一。「大陸人講的每一個字，我都聽得懂，但是合在一起變成一句話，我就不了解後面真正的涵義！」蔡衍明苦笑著說。

三十歲之前從來沒有到過中國的蔡衍明，一進軍大陸，就成為第一個深入大陸湖南的台商。成為「第一」雖然比別人辛苦，但他認為這是累積經驗的大好機會，重要的是只要「經而有驗」，就會比別人有收穫。如同最先買私人飛機，旺旺也得自己摸索，中國沒有人可以教他們。例如採購飛機之前要先決定需要什麼樣的配備，因為許多零件配備是特別訂做打造的，於是灣流公司派出八名設計師，親自到中國來討論飛機內裝配備。

決定配備之後，再開始進行價格談判。陳建誠指出，灣流公司雖然在國際上很有名，但是當時私人飛機在中國市場還是一片荒蕪，反而需要借重和旺旺的交易來一舉打開知名度。由於旺旺在全中國都有響亮的品牌，陳建誠也有了談判桌上的籌碼。

就在灣流和旺旺談判時，還有英國和巴西的另外兩家公司也想賣飛機給旺旺，最後灣流同意了旺旺開出的價格。至於便宜多少？陳建誠強調這個價格是「永遠的祕密」，不過曾有其他企業私底下向旺旺開價加碼二百萬美元購買飛機，說明了這架公務機的價格至少低於市價二百萬美元以上。

二〇〇六年八月十八日，上海虹橋機場拉起了一面紅布條，上面寫著「旺旺馳騁天地，搶占直航先機」，迎接這架上海第一架公務機。

原來當時灣流公司提出一個條件，希望旺旺一定要為這架飛機舉行公開接機典禮，兩岸三地的媒體果然蜂擁而至，相關新聞搶占媒體篇幅。

旺旺雖用最好的價格買到飛機，蔡衍明卻喟嘆，這是他人生的「一大敗筆」！

原來，「上海第一架私人飛機」讓他的知名度暴增，變得家喻戶曉。蔡衍明感嘆地說：「再多的錢都難買自由，維持不出名很難，以後連吃魯肉飯都要被指指點點！」

而灣流便藉由旺旺，快速打開了中國民間企業的市場，之後一年，例如大陸海南集團旗下的金鹿航空，一口氣就買了數架灣流G二〇〇同型飛機！根據灣流公司的財報，二〇〇七年他們在中國的營業額成長了百分之三百，估計未來中國私人飛機的數目將成長至超過美國本土。

不虛幻的夢想家

而當中國向全世界開放時，台灣要站在那裡？

中國第四代領導人帶領中國走向「小康社會」之夢、人均所得五年一翻之時，旺旺也緊隨著這樣的願景和成長快速崛起。根據二〇〇八年香港交易所上半年的財報，旺旺在淨利率方面達到了百分之十八，比許多國營背景企業還要賺錢，成為全中國最會賺錢的休閒食品公司！（詳見第六章第四節）

旺旺投入的產業一定有兩種特色：一是高成長性，二是高利潤。更重要的是，當中國向全世界開放時，旺旺在這個十三億人口的舞台上建立了一個前所未有的品牌。

兩岸直航之夢在本世紀實現時，蔡衍明常向領導幹部強調：「我是一個夢想家、思想家，所以需要更多執行家一起來完成事業，而不需要評論家！」

這樣一位夢想家，不但創造出中國休閒食品業界最多「品項」（Stock Keeping Unit, SKU，亦稱庫存單位）的品牌，也打破了兩岸的阻絕，帶著夢想回台灣。

這也證明了蔡衍明作的「夢」並不虛幻，而是可以在未來真實執行的，就像購買私人飛機，其實是為了迎接兩岸直航的時代、為了和打拚幹部分享歷史成就、為了打造一流企業的表徵。雖然從「殺價」開始整整等了四年，但所謂的「作夢」，其實是規劃未來的前頁。

許多企業家也很擅長「作夢」，但是能夠掌握關鍵時機出手、預見未來，又能化為開拓市場的執行策略的人就少之又少。

旺旺創立品牌三十年來，數百支廣告的構思均出自蔡衍明之手。蔡衍明為何能成為華人市場千億上市企業的執行長（CEO）之中，少數有能力讓自己的理念從產品「構想」到廣告「行銷」，從「製造」生產到「品牌」精神，完整地用廣告與每一個消費者家庭接觸，而且每一字每一句都能動員起顧客的消費能力？

他如何把自己對於市場的敏感度，化為有形及無形的產品？他為何這麼會「作夢」？

第一個答案應該是：全台灣可能沒有一個執行長像他一樣，在戲院看過那麼多電影，最高紀錄一天看上五場！

這是因為蔡衍明的父親蔡阿仕，半世紀以前在台北圓環承德路開設「中央戲院」，但蔡阿仕可能作夢也想不到，這個愛看電影、愛吃東西、愛走不一樣的路的小孩，將來比自己還要強！

第2節

看日片，吹「冷氣」

一九五〇年代開幕的「中央戲院」，是許多台北市三年級、四年級生的共同記憶。

根據國家電影資料館的資料，在將近四十年前（以一九六八年為例），全球每人每年看電影的次數以日本最高，其次就是台灣人。

現在的人很難想像，台灣早期也有電影的黃金年代。一九五六年一月四日，由台中人何基明導演，台灣第一部三十五釐米台語片《薛平貴與王寶釧》的首映，就是在中央戲院，造成極大轟動，開啟了三年間誕生一百七十八部台語影片的黃金時代，也讓中央戲院留名台灣電影史。

浸潤於台灣電影的黃金年代

一九五七年出生的蔡衍明，正是出生在台灣電影的黃金年代。他是蔡家老么，出生時母親蔡陳招已經四十歲了，蔡陳招總共生了八個小孩，六女二男，長女是蔡澄江，蔡衍明出生時她剛滿二十歲，一手擔負起照顧眾多弟妹的責任。

蔡衍明的母親來自萬華望族陳家，家族擁有像是「大洋塑膠」等上市企業。陳招嫁給蔡阿仕之後，主要負責家中事業的總務總管，後來蔡阿仕的事業愈做愈大，蔡陳招的角色也愈來愈吃重，母親對內，而父親主要是對外。等到蔡衍明出生時，父親已把事業重心轉為以電影為主。

中央戲院主要是放映日本片在台灣的「首輪片」。當時的做法是蔡阿仕直接到日本電影公司購得膠卷，再帶回台灣放映，先從台北播放第一輪，並從台北的票房推估中南部市場的票房、訂出價格，再將電影膠卷出租給中南部的二輪、三輪戲院。

由於台灣人對於日本文化的了解，加上電視還沒有開播、台灣人對外在新鮮事物的渴望，讓中央戲院生意好得不得了。

「我還記得光是《愛染桂》這部電影，就放映了三個月以上！」蔡衍明的大哥蔡衍榮還記得，這一部講述護士和醫生的日本愛情電影賣得人山人海，常常排隊買票的隊伍前進不到三分之一，票就賣光了，於是剩下三分之二的隊伍繼續排隊買下一場次的票。「這就是為什麼我們家樓下的隊伍總是滿滿的人潮。」蔡衍榮解釋。

從早期流行的日片《里見八犬傳》、《青色山脈》、《宮本武藏》，以及風靡一時的日本明星三船敏郎、吉永小百合等，一直到流行西片《暴君焚城錄》、《地球防衛軍》等，都是由中央戲院開始引進。為了選片、購片，蔡阿仕常常前往日本，與松竹映畫、東寶映畫等電影公司洽談版權事宜，於是在東京後樂園附近買了房子，作為蔡家前往日本時的住宿場所。

蔡衍明大哥蔡衍榮在日本的大學念書時，也是住在東京後樂園寓所。這和早期台灣留學生出國念書往往必須一邊打工、一邊擠住租屋宿舍的情形完全不同，例如統一超商總經理徐重仁就曾回憶，他留日求學時，還必須在東京搭乘山手線電車取暖，這說明了和一般台灣人家相比，蔡家當時的環境相當優渥，事業很成功。

其實中央戲院不但選片眼光好，地點也是成功的主要原因。戲院位於現在的南京西路和承德路的交會地帶，正是圓環、大稻埕與後火車站之間的繁華地帶，特別是圓環附近有許多小吃和最流行的事物，只要有好電影，就能輕易地把圓環的人潮帶過來。

蔡衍明不但生長在電影的黃金年代，也等於生長在黃金年代的「中心」，因為中央戲院就在蔡衍明家正對面。

「當時賣票都賣到擠不進去！」如今位於民生西路的「何家油飯」老闆何明忠，當年隨父親在蔡衍明家戲院對面擺攤賣油飯，他回憶小時候跟著父親到中央戲院入口處附近做生意，十五米寬的馬路上每天人潮川流不息。

也因為蔡衍明家樓下總是人山人海，所以母親蔡陳招不准小孩在晚上跑出去。「我是老大，所以被管得最嚴，常常在三樓陽台往下看著人潮發呆，常常就看到弟弟跑出去和各方小孩一起玩彈珠、玩紙牌。」蔡衍榮回憶自己在「鐵欄杆」後的心情。

每天總是要隨著最後一場九點的電影開場，承德路上的人潮才逐漸散去。也常在九點電影開場、票亭結算之後，蔡阿仕夫婦才帶著八個小孩，到舊時的重慶路、延平路一帶吃宵夜、逛夜市，這是屬於在地台北人最美好的回憶。

培養出行銷「戲胞」

在中央戲院時代，要代理日本片，就必須觀察、了解觀眾的喜好，這讓蔡衍明慢慢了解到，什麼叫做觀眾的「口味」。為了抓住顧客，最重要的是「獨特性」；而要開拓更多觀眾，就要維持題材的「新鮮感」。

這樣的體會，他也用在日後旺旺產品的規劃和行銷上。他一再告誡幹部，一方面要隨時注意市場的流行性，從口味到包裝皆然；另一方面從食材到話題，也要從中尋找不一樣的地方，這樣的產品才有廣大的市場空間，符合旺旺推出的產品講求「高利潤、高成長」的方向。他常問部下最簡單的一句話：「這個產品有什麼特別？」

產品有特色，正是旺旺後來在大陸可以做到「款到發貨」（付清款項才發貨）的重要原因（見第六章）。如果產品不夠特別，無法和別人的產品有夠多的差異，就會陷入惡性競爭，無法帶給經銷商和代理商「高利潤」，更無法要求經銷商做到「款到發貨」。

不過，蔡衍明小時候當然不會了解這一些，他只知道手握一些電影招待券，所有同學都會圍繞著他，希望拿到新上檔電影的招待券。一九六〇年代，一張電影票十二元，而一名國小老師的一個月薪水只有二百元。

為了讓電影院容納更多觀眾、擠進更多的人，首先必須解決空調的問題。一九六〇年代初期，中央戲院剛開幕時只有大電風扇，當時還沒有大型的空調系統，如果在大熱天時場場爆滿，觀眾一定會燠熱難耐。

而正好蔡阿仕在基隆投資了製冰廠，於是他想出一個方式，利用電風扇吹著一堆一堆的大冰塊，吹出一波又一波的「冷風」，讓中央戲院率先提供「冷氣」給觀眾。

有時生意太好，還需要靠發電機輔助發電。「何家油飯」老闆何明忠便說：「這種時候，我的父親還會召集大家放下手邊生意，去幫中央戲院發電。」因為大家的生意都要靠中央戲院的人潮來帶動。

而蔡衍明家的小孩也常常光顧何明忠的小吃攤子，一直到後來圓環拆掉了，「何家油飯」搬到民生西路，蔡衍明只要回到台灣，還會常常帶著小孩一起去吃油飯呢。

第3節

不只是「仕」，更是「黑士」

在國立中央圖書館編印的《全國圖書館簡介》中，介紹了一九七〇年代十六所「私立」公共圖書館，其中一九六四年七月二十三日創立的「私立文道紀念圖書館」特別註明：實業家蔡阿仕為紀念其父親百齡冥壽而設。

這也是大稻埕地區第一座私人公共圖書館。既是「私立」，為何「公共」？原來這是當初國家教育資源不足，鼓勵民間興建公共圖書館的一種做法，後來像是行天宮圖書館、天主教耶穌會圖書館等的興起，就是屬於這一類由私人建設、完全開放給一般民眾的圖書館。在一九六〇年代，蔡阿仕就用這種方式來紀念父親蔡文道。

「三十多年前，像是柯蔡宗親會，我父親一捐就是五百萬。」蔡衍明的大哥蔡衍榮回憶，父親對於回饋社會就和賺錢一樣熱衷。

日據時代，蔡阿仕的父親在三重一帶以經營紙廠起家，是當時北台灣最大的造紙廠之一，和永豐餘的何傳等人分庭抗禮，擁有當時台北橋頭下到三重一帶的一些土地。蔡阿仕有三兄弟，他排行老三，紙廠事業由蔡阿仕的大哥擔任總經理、二哥擔任副總經理，蔡阿仕負責在外面跑業務，但是蔡阿仕年輕時和兩位哥哥吵架，於是轉而自行創業。

蔡阿仕在承德路從事所謂「壞銅舊錫」生意，他將光復初期日本人留下來的報廢舊船、舊飛機廢鐵等，以一定金額標下，拆除後再轉手販賣。蔡阿仕曾遠到屏東東港的軍事基地，將日本人留下的許多設備標下，用火車運到台北，再請工人們敲敲打打，將這些廢鐵一一拆解，轉賣給其他需要原物料的廠家，讓蔡阿仕三十多歲就有了「第一桶金」。

由於每一種原料價格不同，獲利也不同。像有一次蔡阿仕標下一批通訊設備，拆解後以一般「鉛」的價格出售，有一位從未看過的客人每一天都來採購，引起蔡阿仕妻子蔡陳招的注意，於是再次檢視這批材料，才發現那是「錫」而不是「鉛」，而錫價在當時比鉛價貴了好幾倍！於是趕快重新調整價格，「鉛變錫」也讓蔡阿仕又大賺一筆。

一場意外的「冤獄」

蔡阿仕愈做愈旺的生意讓許多人眼紅。有一次他標得兩座大型預拌混凝土的機器，還沒有拆解之前就放在家門口，結果竟然有人向當時的警備總部密報，說圓環一帶有人私藏「高射砲」，就藏在混凝土機器裡面。

大稻埕與圓環附近本來就是最敏感的地帶，曾經發生改變歷史的二二八事件。就在那一年冬至的前一天，一位便衣男子帶著一隊警察，跑到承德路拘提蔡阿仕，關進警總，連親人都見不到面。

「我的母親急死了，因為到底是什麼原因被關都不知道！」蔡衍榮回憶當時家中情況。如今很難想像，在一九五〇年代初期，竟然可以不用找到證據、不用說明理由，就把人關起來，這也是所謂「白色恐怖」的親身經驗。

蔡陳招到處託人打聽如何解決問題，於是有人「指點迷津」，就是要用錢解決，於是蔡陳招拜託人透過關係送錢，終於在元宵節的前一天，坐了不明不白黑牢的蔡阿仕終於獲釋回到家中團圓。

之後每年蔡家從除夕開始吃湯圓時，蔡阿仕就會憤憤不平地重提往事：「外省人害我在籠子內過年啦！」一直唸到年後的元宵。

蔡衍明解釋，這也是為什麼他父親沒有要他從小就學國語，而且在家裡總是聽到父親講外省人如何欺負台灣人，讓他從小就對外省人有刻板印象。

蔡衍明感嘆地說，這段「冤獄」也讓當時家族朋友往來的對象主要以本省人為主，自然而然讓他和外省人變得只能打架，不能交朋友。

海派的休閒娛樂業大亨

不過有生意頭腦、也喜歡交朋友的蔡阿仕，馬上就從挫折中爬起來了。因為從事報廢舊船、舊飛機廢鐵的買賣，讓他很早就開始在基隆港與台北之間兩邊跑，當時台灣漁業開始發達，基隆港又是重要的港口之一，蔡阿仕看準了許多遠洋漁船的貨品需要冰塊，於是馬上和朋友在基隆開設製冰工廠，供應漁船及運輸過程需要的大量冰塊。

製冰廠讓蔡阿仕又賺了一筆，而且因為在碼頭工作，所以常常接觸到最新的進口商品。在早期缺乏新鮮保存、食材又稀少的年代，罐頭食品在當時是很新奇的產品，蔡衍明就常常說：「我小時候連吃罐頭都是吃進口的呢！」

蔡阿仕接連成功的經營製冰廠、電影院之後，發現收現金的生意比較直接，成長很快，於是馬上又開了「麗都冰宮」。

麗都冰宮是台北僅次於圓山冰宮的第二座溜冰場，可見得蔡阿仕經營手腕之靈活和快速，他利用製冰廠的經驗結合電影院的經驗，馬上發展出「新鮮又獨特」的事業。

除了製冰廠、戲院、溜冰場之外，蔡阿仕又開設了「麗都游泳池」，從今天的眼光來看，在短短的十年間，蔡阿仕其實已經成為「休閒娛樂業大亨」，也難怪蔡衍明常常會對外開玩笑說：「我很早就是一個playboy呢！」

一九五〇年代開始，蔡阿仕就常穿整套的西裝、戴著黑色墨鏡，派頭不輸給許多來自上海的政商人士或是大地主。一位當年認識蔡阿仕、與他同一時代的前輩，印象最深的就是蔡阿仕不但個性海派，也很敢衝。

有一次大家在蘇澳旅社玩牌，用一根一根的火柴作為計算單位，約定每根火柴代表一定的金額（如一根百元，相當於現在的上萬元）來計算輸贏。一個晚上下來，蔡阿仕的火柴棒都輸光了，於是他從樓下又拿來整盒火柴說：「全部留下來，我再和你們玩！」

象棋分成紅子和黑子，在黑子的將、士、象、車、馬、包之中，閩南語的「黑士」代表了有實力又敢衝的個性，而正好蔡阿仕的姓名有一個「仕」字，於是圓環一帶的人都形容他：「不只是仕，還是一個黑士喲！」

但是衝歸衝，蔡阿仕對於社會公益事業一直很支持，像當時承德路附近的建成區文化里要鋪柏油路，經費一直沒有著落，最後就是蔡阿仕捐錢出來鋪路。

跟著有錢又敢衝的「娛樂大亨」老爸一起成長，蔡衍明當然快活。加上他又是老么，口袋裡常放的錢相當於一般公務員三個月薪水，到處有人找他去玩、到處呼朋引伴。「以前念書的時候，早上起來窗戶打開，樓下的人都在排隊等我蹺課。」蔡衍明說。

不過大哥蔡衍榮有一件事卻非常佩服這個小弟，就是還不到十歲的蔡衍明，清晨一定會親自幫父親倒「夜壺」。

所謂「夜壺」就是尿桶。原來蔡家一直有遺傳性的糖尿病，蔡阿仕中年以後糖尿病開始加重，每天半夜都會起床上五、六次廁所，經過一夜，整個「夜壺」滿得快溢出來。

「那時我們幾個比較年長的小孩住在三樓，小弟和父母住在二樓，每天清晨我就會看見他捧著夜壺。這種事情其實讓傭人做就好，但是我弟弟從小就堅持，只要他在家都會親自去倒！」蔡衍榮回憶。

「黑士」歸隱

蔡阿仕在人生最鼎盛的時期，突然遭逢很大的打擊。這個打擊是「兄弟鬩牆」，讓他心灰意冷。

原來蔡阿仕很早就離家創業，對於父親遺留下來的土地所有權，蔡阿仕和大哥（也就是蔡衍榮的大伯）有不同意見，最後還鬧上法庭。蔡衍榮回憶，父親每次開庭回來，心情就非常不好地感嘆道：「錢有什麼用？親兄弟還要在別人面前吵得這麼難看！」

由於擔心父親的身體無法承受，蔡衍榮特地去找大伯協調，結果被大伯趕了出去，可見得兄弟鬩牆有多嚴重。加上蔡阿仕的糖尿病病情，於是家人建議他到加拿大休養，因為有個女兒移民加拿大，可以就近照顧。於是，蔡阿仕在五十歲就前往加拿大，進入了半退休狀態。

第4節
無畏橫逆

一九七三年高中聯考，蔡衍明向家人證明了他不一樣的「天賦」：北區高中聯考數學滿分一百二十分，蔡衍明差幾分就滿分，主要是有一題公式證明題沒有用標準方式而被扣了分數，可見得蔡衍明應付中學數學題目的速度和準度。

不過，他的數學成績和滿分二百分的國文成績相加，竟然只有一百九十八分，原來國文二百分，他只拿了不到一百分。

「我連作文題目都看不懂耶！」蔡衍明回憶。那一年聯考的作文題目叫做「無畏橫逆」，他能了解「無畏」兩字的涵義，那是不懼怕的意思，但是什麼叫做「橫逆」呢？為什麼是「橫」的而不是「直」的呢？為什麼不是「順」的而是「逆」的呢？

出了考場問同學，才知「橫逆」就是阻礙在眼前的困難挑戰之意。連作文題目都看不懂，更不用說其他的文言文及選擇題了。「沒辦法，從小我就很少講國語，根本不知道文言文的意思！」

蔡衍明言下之意，似乎半開玩笑地把這筆國文不及格的帳，算在不和他講國語的父親蔡阿仕身上。

許多人以為蔡衍明只有高中肄業就不念了，或他不讓長子蔡紹中在新加坡國際學校畢業之後繼續升大學，是因為蔡家不注重教育。

事實上，蔡阿仕除了以私人名義捐贈大稻埕第一座「公共圖書館」，蔡衍明的大姊蔡澄江也說，父母非常重視教育，例如蔡衍明一上學之後，每天晚上母親都為他請好私人家庭教師，幫他補習英文、數學，他的英數底子就是那時打下了基礎。

一路看蔡衍明長大的大姊蔡澄江指出，蔡衍明那時功課不錯，除了家教輪番伺候之外，蔡衍明的數字觀念特別好，就是因為和朋友玩牌訓練數字觀念和反應。蔡澄江回憶：「要不是聯考失常，考上台北縣的板橋高中，讓他必須一大清早坐火車到板橋上學，他可能早就一帆風順念完大學。」

勇於挑戰權威

「他真的不是壞孩子。」蔡澄江感嘆地說，實在是年輕時候考上板中的蔡衍明，仍舊保持調皮愛玩、搶盡鋒頭的個性，而且還向權威挑戰，不管是捉弄老師的膽量，還是為同學打抱不平。

在捉弄老師方面，有一次他竟和同學打賭，他敢當面指著老師破口大罵三字經！

同學們當然不相信，於是他特別安排一位同學在走廊上等待，等老師經過走廊時，他安排的那位同學悄悄走到老師的身後，接著他開始衝著那位走來的老師破口大罵。

老師氣得火冒三丈，直瞪著三字經很流利的蔡衍明，他馬上理直氣壯地說：「我是在罵你身後的那個同學啊！」

這樣的理由當然不會被校方完全接受，正當學校研議如何處罰這個史無前例的「辱罵師長罪」時，蔡衍明的父母風聞小兒子在學校惹出麻煩，立刻一起親自前往學校，當面向老師賠罪，才讓老師氣消了，也化解了這一場風波。

為同學抱不平，找教官單挑

如果只是調皮、喜歡嘗試新玩法，蔡衍明應該還能順利畢業，偏偏他又有愛打抱不平的個性，讓他逃不過命運安排。

當時高中體育課規定學生要穿體育服裝，對於許多一早趕車上學的學生來說，忘了帶體育服司空見慣，於是體育處宣布，不帶體育服便要被處罰記過。例如，當時蔡衍明隔壁班有一位同學忘了帶體育服裝，眼看就要被記過以儆效尤，幸好隔壁班導師幫這名學生極力求情，終於免於記過處分，看在蔡衍明的眼中印象非常深刻。

蔡衍明自己的班導師是一名體育老師，有一次全班到操場集合上體育課時，班上也有一位同學忘了帶體育服裝，於是班導當場宣布要將那位學生記大過，這讓血氣方剛的蔡衍明相當不平，馬上在操場向老師抗議，不保護自己學生，反而要記大過，這算什麼班導？

蔡衍明一直想不通的是，別班班導保護自己學生都來不及，自己班導是體育老師，為什麼反而記自己班上同學大過？班導眼見自己講不過蔡衍明，就報請教官處理，教官要處罰蔡衍明，他更嚥不下這口氣，便直接和教官對嗆：「不然我們來單挑好了！」

勇於挑戰權威的個性，讓蔡衍明吃了大虧，教官就用這一句話指控蔡衍明威脅師長，學校只好要求他「輔導轉學」，其實就是學期結束之後請他自動退學。

原本從公立學校退學，還可以進入私立高中繼續升學，其實蔡家也有親戚在私立高中擔任家長會長。蔡澄江強調自己弟弟一直保有善良的天性，但是自尊心高漲、正值青春叛逆期，重新上學後又因故退學，所以才連高中都念不完。

「這都是命運安排吧！」蔡衍明說。有一次他被父親教訓了一巴掌，索性書也不念了，跑到觀光飯店連住了十天，每天找朋友玩。

由於住的是觀光飯店，不到十天，身上的錢就用完了。愛面子的蔡衍明不願就這樣哭喪著臉回家，因為這樣等於認輸，便先住朋友家，並故意請同學放風聲，讓父母知道他住哪一個朋友家，於是爸爸媽媽一起出面找到他。「現在想一想，要父母請我回家，太傷父母心，又太讓父母擔心，真是太不孝了！」蔡衍明感嘆。

高中二年級肄業的蔡衍明，既然不願意上學，也不能這樣繼續在街頭呼朋引伴，於是蔡阿仕乾脆要他到基隆的製冰廠幫忙。蔡澄江說，母親也支持這個決定，其實不讓他回學校，主要就是怕他和過去同學又混在一起。

那批整天找蔡衍明玩的同學，後來全部轉到淡江中學去念書，母親得知後，希望他到基隆，藉此和那些朋友區隔開來。「不過，那批同學後來都考上了大學，唉，他們每個人頭腦都很好，只是愛玩！」蔡澄江說。

人生的意外與注定

由於蔡阿仕在基隆開設製冰廠，經朋友介紹認識了從事近海養殖漁業、開設「義益魚罐頭工廠」的陳霖。這個魚罐頭工廠很早就獲利了，到了一九六二年，陳霖等人又邀蔡阿仕入股「宜蘭食品公司」，從事洋菇、蘆筍等罐頭外銷市場。

宜蘭食品一開始相當賺錢，後來由於大型冷凍櫃、電冰箱的發明，罐頭之類的生意開始沒落。一九七四年，原有的十多位股東如劉添枝、陳霖、林金波、徐幼英等人，對於未來要不要繼續經營下去有了不同看法，有人提議乾脆把工廠收起來，將清算之後的價值分給各個股東。

依照耆老的說法，宜蘭食品董事長劉添枝當時估算，整個公司的價值約一千二百萬元，不過有其他股東認為不只這個價格，應該至少值一千八百萬，於是最後大家決議，把相關廠房以招標方式讓原有股東出價，誰出價高就得標，取得公司經營權，其他股東則可平分招標價格、拿回投資。

一些股東心慌了，因為有許多股東是台北來的財主，當初目的是純粹投資，然而董事長劉添枝不但是宜蘭人，他還有其他兩家罐頭食品工廠，要接管這間工廠人手綽綽有餘，如果他真的只出價一千二百萬，又沒有其他股東投標，原有的董事長劉添枝勢必用他估算的「標價」買下工廠，請其他股東拿錢走人，屆時股東們分到的金額可能不如預期。

其他股東不甘權益受損，於是擁戴股東之中最有實力的「中央蔡家」蔡阿仕出一個合理價格，也算有制衡作用。蔡阿仕本已退休到加拿大享福，為了這件事還特地回來處理。

沒想到董事會召開後，董事長劉添枝根本沒有出價，只有蔡阿仕的標單寫著「一千八百萬」，從一千二百萬到一千八百萬，工廠的價值整整提高了三分之一！所有的股東除了蔡阿仕之外都大為開懷，也難怪日後地方上一直流傳著「蔡阿仕被設計了」的說法。

蔡阿仕皺著眉頭取得「宜蘭食品」經營權，因為他一不小心標下了這個工廠，卻找不到適合接管工廠的人選而傷腦筋。

沒想到十九歲的兒子蔡衍明看在眼裡，在開完標之後的當天對父親說：「阿爸，我來負責吧！」

事後回想起來，蔡衍明說，當時是因為看父親這麼憂慮，他覺得不能只顧自己、再做playboy了，但其實自己真的什麼都不會，有的只是莫名的戰鬥力——如同高中聯考的作文題目一樣：無畏橫逆。

第二章　北宜公路

十九歲的少年頭家，一個人遠赴宜蘭，接下將近三百名員工的宜蘭食品工廠，很快就和員工打成一片。他不滿足於加工外銷罐頭，執意新創品牌、開拓內銷市場，然而投入大量資金，消費者卻不買帳，宜蘭食品該何去何從？

第1節　廠長不幹了

一九七六年四月十六日清晨五點，蔡衍明把一星期的換洗衣物放進行李袋裡，丟進他那部福特一千三百西西轎車的後車廂。他必須在七點前趕到宜蘭羅東。

整個宜蘭食品公司新城廠將近三百名的員工，都在等待新老闆的到來。

位於宜蘭羅東近郊的新城廠，百分之九十是女性員工，全部來自宜蘭。新城廠的廠房面積四千多坪，再加上蘇澳聖湖廠房的二千多坪，總共有五條生產線；新城廠以農產加工為主，聖湖廠則是以外銷魚罐頭為主，包括鮪魚、鯖魚、鰹魚、螃蟹、蝦子、鰻魚等。

而農產品方面，過去以外銷洋菇和蘆筍罐頭為主，不過蔡衍明接手工廠時已不做蘆筍了。洋菇主要來自宜蘭三星鄉一帶，後來也從苗栗採購。「大家都是很純樸的宜蘭人，我們都叫自己是黑土蕃。」一九三〇年出生，當時擔任宜蘭食品總務課長的廖坤池說。

這是「宜蘭食品」轉手的第一天，老董事長蔡阿仕並沒有出現，他把所有的圖章交給蔡衍明，蔡衍明就一個人從台北到宜蘭接手工廠。短短一個星期過去，蔡衍明很快和員工打成一片，他對生產線上的歐巴桑說：「你們叫我阿明就可以了！」

十九歲少年頭家的三大挑戰

蔡衍明接手宜蘭食品，挑戰接踵而至。第一個挑戰，他必須從頭學習工廠的管理和運作。自己當「頭家」，不好意思什麼都要問人家，批公文時常常都是寫「如擬」，有時候則由廖坤池特別為他解釋所有公文的意思。

「連公文簽哪裡，我都要猜！」蔡衍明回憶自己的十九歲，每天拿到大他二、三十歲的員工呈上的公文，而自己連帳目都看不懂，也不認識幾個人，又不敢問，「損益表」中載明到底是賺是賠更不知道，只要看到一些空白的地方，就硬著頭皮簽下去。廖坤池在日據時代於鎮公所服務，四十六歲就從水利會退休，這時成為蔡衍明的中文及日文祕書。

而另一方面，蔡衍明也親自到市場上選購製作罐頭的魚材，一面嚼著檳榔、一面殺價，和魚販們打成一片。採購完回到工廠之後，從殺魚、炸鰻魚等，蔡衍明都親自下場學習。「其實是因為一開始什麼都不會，至少要會殺魚吧！」蔡衍明苦笑說。

平時在工廠中，蔡衍明都穿著雨鞋，在第一線面對問題。有時用不完的洋菇要在第一時間處理完畢，或是大批採購進來的漁獲製作不完，必須在廠房旁邊挖一個方形大深槽，槽內堆滿冰塊、撒鹽、再蓋上帆布，作為貯存槽。這些時候，蔡衍明都會站在第一線指揮，員工也開始感覺到，這個少年頭家和過去一任董事長的日本仕紳作風完全不同。

第二個挑戰則是生活上的不適應。

過慣了大都會熱鬧生活的蔡衍明，到了晚上就被一片死寂的工廠包圍，難以適應，心中也不免埋怨自己下的這個決定。特別是從新城廠到聖湖廠有兩條路，一條要經過蘇澳公墓，一條要經過軍人公墓。「只要晚一點離開辦公室，我就得用跑的！」蔡衍明說，不然真會覺得看見什麼「東西」。不過想起自己的責任，只得硬著頭皮勇往直前了。

第三個挑戰，也是最大的挑戰，還是宜蘭食品公司面臨的「轉型危機」。

從日據時代開始，位於蘇澳鎮的南方澳就是「漁港即漁村」的代表基地，主要是附近有蘭陽溪和宜蘭河的河口，加上龜山島的溫泉和黑潮經過，宜蘭外海的漁業資源非常豐富。

南方澳碼頭邊魚貨市場林立，海風中洋溢著各式各樣的海味。從一九七〇年代開始，台灣進入漁業興盛時期，百分之九十的魚罐頭都是來自南方澳的漁獲，一直到一九九〇年代初期，南方澳還曾經有過一千七百多艘漁船停泊的盛況。

宜蘭食品最早成立時，主要定位是以「外銷出口」為主，產品定位則為洋菇、蘆筍和漁獲等罐頭食品。會有這樣的定位，主要是因為當時洋菇、蘆筍等採取聯合運銷制，有固定外銷的額度，一群股東才集資成立「宜蘭食品」來承接這個業務；至於漁獲外銷方面，由於主要股東們自己都有魚罐頭工廠，主攻內需市場，所以不會讓宜蘭食品做內需市場的魚罐頭來搶生意。

蘆筍生產期是五月到十月，洋菇的生產期是十一月到隔年三月，但是慢慢的大陸農產品加入競爭，反而台灣的洋菇貨源愈來愈少；另外，各國陸續實施二百海里經濟海域的限制，也讓漁獲來源出現問題，宜蘭食品必須尋找其他出路。

老廠長不幹了

就在這個時候，原本宜蘭食品的潘姓廠長，向蔡衍明這個少年頭家提出辭呈。早上八點，當蔡衍明剛穿上外套、準備和員工一起到市場採購時，在二樓的辦公室裡發現桌上已呈放了潘廠長的辭職公文，公文上寫著因為健康的理由，可能無法繼續服務。

事後回想起來，這名廠長其實在宜蘭食品做了好多年，而蔡衍明接手時正值大陸及東南亞的競爭愈來愈強之時，是工廠最需要人手幫忙的時候，如果幫這名廠長加薪、挽留住他，他的「健康」一定會好起來，也可以讓蔡衍明更快熟悉工廠事務，使工廠重上軌道、快速獲利。

但是當時蔡衍明覺得，如果是健康問題，就不能勉強人家，於是在公文上簽了「如確因身體不堪負荷，如擬」。

木已成舟，蔡衍明只好登報徵求「生產課長兼品保」一名。

這時候，在另一家漁產工廠工作的廖清圳看到了這個徵人啟示。廖清圳是雲林西螺人，後來念中國海專海洋食品系，所以預官役畢之後才到蘇澳工作。他當時雖是另一家漁產公司的廠長，但是不認同那位上海老闆只重獲利、不看未來的理念，雖然薪水不少，他卻寧願換一家公司，即使從課長開始做起也無所謂。於是經過蔡衍明面試，「廠長」廖清圳正式成為「課長」，全新的宜蘭食品除了十九歲的少年頭家之外，又加上一位二十六歲的生產課長。

開創事業初期，蔡衍明因為實在過不慣宜蘭生活，有時寧願行經「九彎十八拐」的北宜公路，開車兩小時往返宜蘭和台北之間，如果要早上七點到公司，大概清晨五點就要從台北出門。

有一次在清晨為了閃躲一部車輛，方向盤一偏，竟然整輛車爬上山壁，一側的輪胎離開地面，閃躲會車之後，兩個輪胎才重回原來角度抓住地面，車子繼續前進。到了工廠後，蔡衍明輕描淡寫地對幹部說：「唉，有時車子是在山壁上開！」

後來因為來往北宜公路的時間實在太久了，蔡衍明乾脆把工廠二樓辦公室隔成三個房間，一間自己住，一間是廖清圳住，另一間給當時的行政課長楊興財住，因為他們是「唯三」不是宜蘭人的幹部。

第2節

為自己工作，不是為父親

人事穩定之後，這個平均不到三十歲的管理團隊把工廠帶上了軌道，而且直到半年後，老董事長蔡阿仕才第一次出現在工廠裡。

誠如先前所述，長年在加拿大養病的蔡阿仕，其實台北、基隆的事業都已漸漸放手，更不用說是遠在宜蘭的工廠了，何況這是蔡家過去很少經營的製造業，半年多來蔡衍明內心承受無形的巨大壓力。

第一次也是最後一次蹺班

蔡衍明陪著父親第一次參觀工廠時，他很期盼父親嘉許他自己一個人把工廠扛起來，不但發得出薪水，還能持續拓展業務，不用父親擔心。

然而走完了一圈，父親不但沒有讚美和鼓勵，反而挑很小的毛病，蔡衍明悶得說不出話來，年輕氣盛再度浮起，把父親送回台北之後，一個星期不去上班！

這是蔡衍明第一次，也是最後一次「蹺班」。工廠沒有人敢去催他，幹部們只好用電話向他請示各種公文；最後，蔡衍明還是於清晨五點自己乖乖開車上班。「這一個星期我氣歸氣，但是也終於想通了！」蔡衍明告訴自己，就從今天開始，我是為我自己工作，而不是為我的父親工作！

反觀蔡阿仕只要留在台灣時，每個月都會有一天趁天色還沒亮，到台北車站趕搭清晨五點半第一班從台北開往蘇澳的平快車，一路經過基隆、福隆、大里、宜蘭，一直到上午九點多才會到達蘇澳站。但是蔡阿仕並不急著趕到工廠，而是先叫車前往著名的「蘇澳冷泉」，一泡就是一個多小時。

「我們看見老董事長時，通常已經快中午了。」廖清圳回憶，老董事長一個月才到宜蘭一次，而且每次來都是一個人、沒有驚動大家，整個工廠繞了一圈就準備吃飯，吃完飯後睡個午覺，午覺起來也沒有找大家開會。

「老董事長常戴著墨鏡，會送我們一些日本帶回來的電影本事等等！」當時的會計林素卿如此形容。到了下午兩、三點，老董事長就到蘇澳火車站，準備坐火車回台北。「他是真的把這個工廠丟給旺董了。」廖清圳說出那時的感覺。

由於蔡衍明全心投入、這個獲利微薄的工廠終於站穩了第一步。而接掌宜蘭食品隔一年，蔡衍明也在朋友的介紹之下結婚了，之後長女紹云、長子紹中相繼出生，蔡衍明還常載紹中一起到工廠上班。一、兩歲的紹中有時直接坐在辦公桌上，看著員工忙進忙出，資深員工笑說：「紹中在旺旺的資歷也有二十多年啦！」

打入內銷市場的企圖心

一九七七年初，宜蘭食品員工第一次和蔡衍明一起吃尾牙。大家都對「阿明」的隨和嚇了一跳，他主動和每一桌的同仁划酒拳、「打通關」，一腳踏在椅子上，和員工打成一片。

「在我們鄉下，很少看到這麼有企圖心的老闆。」曾任旺旺集團休閒食品部總經理的呂熾煜形容；海洋學院畢業的呂熾煜，決定留在自己的家鄉羅東打拚，一轉眼就是三十年。當時台灣做外銷洋菇、蘆筍的配額有限，而宜蘭食品做完了自己的外銷配額之後，蔡衍明還會向別的外銷工廠購買「配額」來做代工，衝高宜蘭食品的產量。

自從接下工廠之後，蔡衍明一直思考如何不只拘泥於做洋菇等農產品出口，即使漁獲的加工外銷也要看別人的臉色，更有東南亞菲律賓等國的競爭。「我不喜歡被別人殺價！」於是，蔡衍明開始有了做「內銷」的想法。

不滿於現狀、不喜歡被別人殺價，加上看見台灣經濟起飛，幾家做內銷罐頭的工廠都做得不錯，蔡衍明其實已在心中盤算創立品牌，加入內銷市場的行列。

從外銷轉做內銷，這是宜蘭食品最大的一次「轉型」，卻也是最大災難的開始。

要做內銷，第一是資金問題。

過去做洋菇外銷時採取「統一付款制」，也就是國外廠商將貨款直接匯給聯合外銷公司，再按照配額分給各公司；魚罐頭外銷也是對方一次付清。而要做內銷，等於要和經銷商直接接觸、賣貨給批發經銷商，但是經銷商可能三個月後才付款。「等於是先用現金買魚，但是至少三個月後才能收錢進來！」

楊興財說。

付現金買魚、水電費開銷、員工薪水等，都是一刻也不能拖，但是經銷商要等賣出產品後才會付錢。開始做內銷等於背負龐大的資金周轉壓力，這是蔡衍明根本沒有預期到的現實狀況。

再者，自己做內銷，原物料成本的變化很難馬上反映於市場定價、馬上轉嫁給消費者，如果採購成本貴了，就算賠錢也只能硬著頭皮做，不像做外銷加工時還能反映成本。

第二，是市場太小的問題。

轉做魚罐頭內銷，儘管有成功的案例，但是台灣市場就這麼大，前幾大品牌已站穩腳步。當時，一般消費者喜歡的品牌包括「老船長」、「東和」、「活寶」、「同榮」、「基水新」等，宜蘭食品算是「後進者」，再加上其他小廠陸續投入，惡性競爭愈來愈嚴重。

第三，是口味問題。

過去做外銷代工，所有口味配方都是別人統一調製好的，只要照配方去做就可以。但是自己做內銷、要和消費者直接接觸，就必須找出自己的市場與口味，一方面與其他產品做區隔，另一方面符合消費者的喜好。

這三個問題，蔡衍明全都碰上了。

首先，為了周轉資金，蔡衍明開始和銀行打交道，所幸蔡衍明家族在大稻埕與圓環一帶很有名氣，一時間外銷轉內銷的資金暫時無虞。

到了一九七九年，宜蘭食品正式推出「浪味系列」魚罐頭，包括鮪魚、鯖魚、紅燒鰻等口味。這系列產品取名「浪味」，主要意思是「海浪裡的口味」。

其次，為了克服罐頭市場過小的問題，宜蘭食品也開始做魚罐頭以外的產品。蔡衍明一開始就看上了日本正在風行，但是台灣還沒引進的魷魚零食。

第3節
魷魚正在吸我的血

蔡衍明早年到日本洽公，最喜歡吃的就是魷魚絲。過去在台灣要吃烤魷魚，都是看電影時在戲院門口買的，烤的時間久，又不一定衛生，如果能夠加以包裝、大量生產，應該很值得推廣，再加上很有嚼勁，年輕人不管是當零食、一般聚餐享用、當作下酒菜都很合適。

以供應源頭來看，魷魚數量很多，不虞匱乏，只要冷凍得宜，可以儲藏半年以上，不像洋菇那樣，當天就要全數處理完畢。加上魷魚富含蛋白質，很適合成長中的年輕人。

當時魷魚的供應來源主要是阿根廷的赤魷，肉質厚實而鮮美，多半來自停靠在高雄前鎮漁港的遠洋漁船，於是蔡衍明叫員工南下採購。

整批買來的魷魚，要先在高雄冷藏，運送到基隆的大型冷凍庫存放，等到要用時再從基隆送往宜蘭的工廠。

蔡衍明曾經吃過日本的各種魷魚絲，很訝異有各種處理方式，從甜的到鹹的、薄的到厚的、紅色到黃色都有，不過在蔡衍明眼中，既然要做，就要做最特別的，所以選擇了口味酸甜、煙燻製成的「香圈魷魚」。

率先請李泰祥大師做廣告配樂

這種「香圈魷魚」只有日本北海道的公司會做，於是二十出頭的蔡衍明遠赴北海道與合作對象簽約授權。以魷魚的形體來說，「香圈魷魚」是拿整條魷魚做一次次橫切面，也就是變成一大圈一大圈的魷魚絲，製作技術特別請來日本師父指導酸甜味，每一隻大魷魚都吊在半空中煙燻製作，再加上宜蘭食品採購的魷魚非常肥大，質與量兩方面都相當用心，因此宜蘭食品的產品很難讓後續競爭者追上。

儘管「產品獨特」，蔡衍明還是不放心，特別請來「音樂大師」李泰祥為廣告作曲，讓廣告歌的旋律帶動產品。

不過有趣的是，消費者原本習慣一片一片的魷魚產品，這時突然發現新產品的口味與形態有這麼大的變化，酸甜的口味也是一種全新體驗，於是引發兩極反應，有的消費者以為：「這魷魚很酸，是不是壞掉了？」

就在「教育」消費者新口味的同時，宜蘭食品也趕快推出蜜汁魷魚片、魷魚絲來應戰，不過魷魚絲是運用台灣設備，又沒有請日本顧問指導，結果產品容易變色，經銷商退貨開始增加。

同時還有更嚴重的問題，隨著產品進貨和退貨之間醞釀著。主要是當時的業務員積極衝高產品的銷售額，只在意經銷商進了多少產品，不在乎未來有沒有真的賣出；另一方面，有的業務員收了帳款，竟然沒有繳回公司，甚至向總公司回報說某一個經銷商倒閉了、收不到錢。

當時的業務總監楊興財對此印象深刻，有一次他經過一家經銷商，發現店門大開著，於是他上前質問對方不是已經倒閉了嗎？為什麼欠錢還在營業？只見對方一頭霧水地說：「貨款不是給你們業務員了嗎？」楊興財才發現魷魚賣得愈多，問題可能愈大。

而員工看在眼裡也不免擔心：怎麼大把現金拿出去買魷魚，回來的卻是一大批一大批退貨？蔡衍明深刻體會到：「魷魚正在吸我的血！」

儘管魷魚事業屢遇挫折，蔡衍明仍再接再厲，開發了台灣第一項「牛腱」產品，顛覆了原先只有牛肉乾的市場。他將這項產品取名為「牛腱絲」，還請來高凌風代言，一上市就相當受到歡迎，經銷商紛紛前來訂貨。

這也印證了一個事實：新品牌一定要靠有特色的產品和廣告來突圍。牛腱絲產品很快就引起消費者注意，盤商紛紛要求訂貨，於是工廠馬上利用製作魷魚的機器改裝生產牛腱絲。正當蔡衍明準備大展身手時，原料來源的問題還沒有解決。

原來，一頭牛身上只有兩條主要的「板筋」，在台灣供應不足；而在外國，牛筋雖是沒有人食用的部分，但是只能作為飼料進口，不能做為食品進口，蔡衍明又不願向屯積貨物、抬高價格的商人購買，最後只好決定收掉這條可獲利的產品線，因為蔡衍明認為，產品來源掌握在別人手裡，就算賺錢也是一時而已。

建立自有品牌的決心

要打入內需市場最重要的一件事情，就是「品牌」，也是許多人習慣稱呼的「商標」。

過去做內銷的時代，宜蘭食品只有英文字母商標「I-LAN」，但是要和消費者接觸，就必須有一個讓人印象深刻又好記的商標設計。蔡衍明認為台灣的商標都很呆板，不像日本產品許多標記讓消費者一看就覺得很親近、可愛。於是，「旺仔」娃娃的構想就這樣誕生了，果然讓許多人留下深刻印象。

每次外界和媒體好奇問「旺仔」是如何發明的，蔡衍明最常開的玩笑就是：「那是我小時候啦！」事實上，這個「旺仔小子」真的很能代表蔡衍明的精神，大姊蔡澄江就曾表示：「有蔡衍明的地方，就有歡樂！」

這個「旺仔」不只是可愛而已，每一個動作也代表公司的理念。

旺仔娃娃的嘴裡有個心形，蔡衍明解釋，那是指旺旺的經營誠心與守信，也引申為「有心、用心、道德心」；旺仔娃娃的眼睛向上看，是指旺旺高瞻遠矚；旺仔的兩隻大腳丫，則指旺旺腳踏實地。

有了對外的形象商標，也有了口味特別的產品，蔡衍明認為行銷應該雙管齊下。他認為產品不但要貨真價實、很有特色，更重要的還是和市場溝通的問題，要讓消費者更快了解產品。

另一方面，若希望經銷商樂意進貨，最有效的方式是客人的反應與要求，這就要靠廣告的力量了，特別是電視廣告。例如許多台灣的五、六年級生都對「浪味真夠味」廣告及其配樂印象深刻，這就是蔡衍明的傑作之一。

重視廣告的「聽覺」，後來成為「蔡氏廣告守則」重要的一條（詳見第六章），其中一個原因是「強調視覺」的成本一定比「強調聽覺」高，要做出「聽覺系」廣告不用花大錢，因為聽覺主要是靠巧思和品牌的聯想性，例如「旺旺」二字既連貫又響亮，很容易用聲音把品牌打響，這就是「聽覺廣告」的效應。

在旺旺崛起的一九八〇到九〇年代，台灣只有三家無線電視台可播廣告，絕對是寸土必爭。特別是晚上的黃金時段，由於當時沒什麼特別的娛樂，家家戶戶都會聚在一起看電視，所有商品都想擠進電視台的黃金時段。那是無線電視台的黃金年代，一般一個小時的節目會有六百秒的廣告，電視台廣告業務主要採取三種方式進行：一種是由電視台的長期代理廣告商代為處理相關業務；一種是外包給節目製作單位的業務團隊；一種是廣告主直接和電視公司接洽採購。

總之從魚罐頭、魷魚絲到牛腱絲，二十五歲之前的蔡衍明為了打開品牌市場，努力推出各種產品，也努力開始打廣告。而宜蘭食品由於要直接服務經銷商及掌控廣告市場，便從宜蘭到台北正式設立辦公室，剛開始台北辦公室的十多名員工，有一半是從宜蘭上來，與蔡衍明一同打拚事業新貌。

第4節

賠到不知道如何記帳的公司

就在蔡衍明努力做內需市場之際，他的母親到東京去辦事，順便探望在日本求學的大兒子蔡衍榮，沒想到天氣太冷，一向身體硬朗的母親，竟然腦溢血倒了下來，隨即在東京的醫院病逝。

大哥蔡衍榮回憶，要不是因為母親突然過世，他根本不可能這麼快就回台灣，除了學業尚未完成之外，主要還是一九七〇年代台灣陸續經歷退出聯合國和中美斷交，國家情勢風雨飄搖。「母親原本希望我繼續留在日本發展，她比較放心！」蔡衍榮說這是母親的安排，萬一台灣落入共產黨之手，至少還有一人留在日本。

過去蔡家的總務都是由母親負責，母親突然過世之後，家中事業頓失依靠，加上姊姊們又陸續嫁人，於是蔡衍榮回到台灣、娶妻成家，夫妻倆慢慢開始接手家中的事業。

面臨外銷轉內銷的管理問題

這時的蔡衍明也正式陷入了苦戰。儘管努力打開內需市場，但是產品的口味一直沒有獲得市場接受，拍廣告又一直燒錢，而且對外、對內的管理也出現了不同的問題，主要是從外銷轉做內銷，整個管理模式變得更加複雜。

首先是對內的退貨處理問題。

由於食品項目的認定與過去做外銷罐頭時不同，所以一開始的會計和存貨、銷貨等方面，必須花一段時間重新建立內需市場的表單。另一方面，由於蔡衍明拓展市場快速，退回來的貨品也很多，有些可以再出貨、有些要報廢，但缺乏充裕的人手做完善的管理，以至於很多產品都浪費掉了。

曾任旺旺集團副總裁的林鳳儀，當時從外商會計師事務所來到宜蘭食品任職，他看見當時的進出貨管理嚇了一跳。「有的產品明明被經銷商報廢了，但是又流了出去、再退回來，結果又報廢一次！」林鳳儀說當時的帳目出問題，進貨、銷貨和存貨的數字都對不上，賣得愈多、數字就愈亂。

至於對外的銷售管理，雖然推出很多新產品，但如果沒有預估半年後的退貨問題，即使帳面上賺錢，現金還是一直流出，流進來的愈來愈少，使得營運資金的周轉問題愈來愈大。

楊興財印象很深的是，有一次要向交通銀行僅僅借一百萬，對方經理見到帳本都是紅字，直截了當地說：「你們公司什麼時候會倒閉都不知道，我怎麼可能借錢給你們呢？」

新品牌事業的空前危機

除了管理面和資金面都出現問題，更重要的是員工的士氣也開始受到影響。在魷魚生意前景不明的狀況下，有一次一位主管提出建議，北海岸石門一帶有一間叫做「十八王公」的小廟，在「大家樂」還沒有風行之前就小有名氣，建議蔡衍明不妨前去求神問卜一番，問一問神明對未來的看法。

於是蔡衍明率領公司主管前往十八王公廟參拜、求籤，沒想到竟求得「下下籤」，所有在場主管的臉都綠了，但是蔡衍明馬上拿出鋼筆，在籤文上加註「人定勝天」！

蔡衍明這份求勝的決心，有沒有恢復幹部們鬆動的信心不得而知。而儘管蔡衍明用各種方式鼓勵員工，強調「人助天助」，但蔡家本身的財力的確也不若以往了。

蔡衍明的大哥蔡衍榮就坦承，當時主要有三大壓力：

一，電影院生意早就不若以往，除了競爭對手愈來愈多，電視、錄影帶的興起也瓜分了客源；

二，高雄港興起之後，基隆港的製冰廠生意慢慢被其他亞洲港口取代；

三，蔡家擁有的土地必須付出愈來愈高的地價稅，於是很難支援蔡衍明在外闖出的品牌事業。

「坦白說，連虧掉多少錢、帳本該怎麼計算都不知道了。」蔡衍明也坦承，在家族眼中，當時的情況甚至很有可能危及家族的經濟命脈，連蔡衍明自己也開始感覺到周遭眾人對他投以「敗家子」的眼光，壓力大到無以復加。

《史記》記載，漢朝開國皇帝劉邦早年遊手好閒，常常帶朋友回家吃飯，有一次他又請朋友回家吃飯，劉邦的大嫂告訴他家裡沒有飯了，讓劉邦很沒面子，朋友們於是一哄而散。結果劉邦到廚房一看，明明還有飯，這件事刺激劉邦日後闖出一番偉業。

和劉邦相比，二十五歲的蔡衍明情況也好不到哪裡去，產品每一項都很有「希望」，打了廣告卻石沉大海。等到其他股東陸續打退堂鼓、不相信這家公司還有希望時，所幸蔡衍明的大姊蔡澄江繼續支持他，在最艱苦的一年仍為蔡衍明做擔保。憶起這段往事，蔡澄江只是淡淡地說：「自己是大股東，阿明又是親弟弟呀，我當然要幫忙，而且我相信他一定會成功！」

即使是宜蘭食品最困難的時候，蔡衍明還是堅持「薪水只能早發，不能晚發」，這是他對員工的誠意。有一年過年，宜蘭食品根本發不出年終獎金，蔡衍明還是堅持「要發」，於是一半用現金、一半用罐頭代替。「我們少年頭家真的很堅持，也很有人情味！」退休二十年的老員工這麼說。

只是，風雨飄搖的宜蘭食品面對內憂外患，究竟該何去何從？

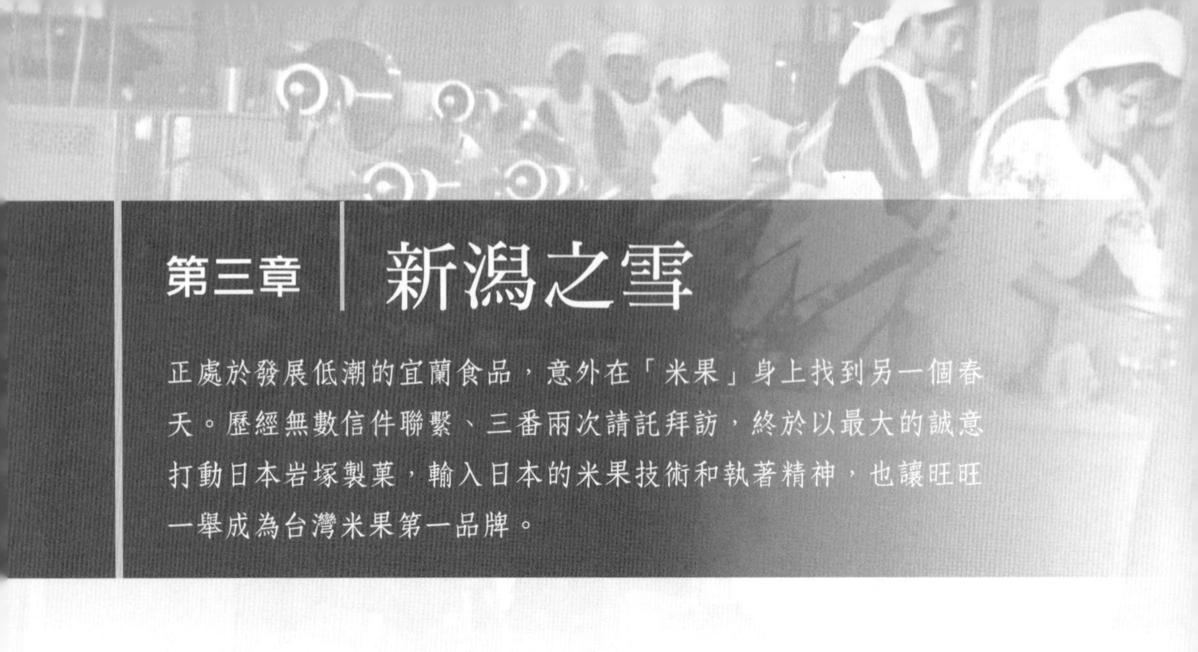

第三章 新瀉之雪

正處於發展低潮的宜蘭食品，意外在「米果」身上找到另一個春天。歷經無數信件聯繫、三番兩次請託拜訪，終於以最大的誠意打動日本岩塚製菓，輸入日本的米果技術和執著精神，也讓旺旺一舉成為台灣米果第一品牌。

第1節 每週一信寄往日本

一九八〇年代初，許多迪化街的食品進口商將日本米果進口到台灣，掀起了流行熱潮，一箱進口的米果可以賣到八百六十元，是全台灣價格最貴的零食之一。

就在這時候，儘管旺旺正經歷慘淡的「燒錢」過程，蔡衍明這個「敗家子」和屢戰屢敗的團隊卻在米果身上看到機會。

台灣本來就盛產稻米，原材料價格不會波動太大，也不用依賴國外原料，生產米果正符合這樣的條件。

蔡衍明利用到日本出差的機會，幾乎買遍了日本市面上販賣的各種米果，帶回台北一一試吃。依照一貫以來「只賣自己喜歡吃的東西」為原則，只要味道覺得不錯的品牌，蔡衍明就請當時宜蘭食品祕書、受過日本教育的廖坤池寫信給對方。

廖坤池回憶，白天蔡董事長試吃各家米果，晚上他和太太就在家寫日文信，並搬出二十多年來不曾再用過的日文字典，一字一句校對錯誤。

通常這樣的信分成四段式：第一段大力讚揚對方的產品，第二介紹宜蘭食品的概況與產品，第三段談台灣的米果市場應該大有可為，第四段則是最後重點，詢問對方有沒有和台灣合作的意願，如果有的話，希望可以和對方合作。

「我們寫了四、五十封這樣的信，希望可以和對方合作，但是一個月過去了，只有接到一封回信。」現任顧問的廖坤池回憶。

唯一回信的，就是後來的合作公司，岩塚製菓。

以無窮的誠意結成緣分

岩塚製菓是日本前三大米果公司，不過對方回信的大意是：「由於我們才剛結束泰國的投資，所以短期內沒有意願去台灣投資！」

但是這封信反而給宜蘭食品新的希望。蔡衍明向對方表示，想要進一步請教一些米果的問題，希望能夠去參觀對方的工廠，沒想到對方同意了，於是蔡衍明和大哥蔡衍榮、廖清圳一起去拜訪對方。

三個年輕人，蔡衍榮三十二歲、廖清圳三十一歲、蔡衍明二十四歲，手上提著準備送給對方的台灣高山茶葉及昂貴的洋酒，出現在東京的新幹線列車上。這一趟很重要，關係著宜蘭食品的未來，因為他們知道，如果米果可以談成，則好不容易打開的內銷市場通路，馬上就有強打的產品可以推出。

但或許是太緊張了，三個人一下車才發現，廖清圳把帶來的見面禮忘在列車的行李架上！

他們馬上向車站的派出所報案，於是駐站警察打電話給列車服務員，果然在他們搭乘的車上發現禮物還原封不動留在架上。等到列車抵達下一站時，服務員馬上到月台對面坐反方向的下一班列車，把禮物送回給他們，前後只花了半小時，這讓廖清圳感慨地說：「日本人不但守法，而且做事真有效率！」

米都新潟的朝聖

在新潟等待他們的，是岩塚製菓的槙計作社長，以及技術部長丸山和小野。新潟屬於日本東北部的越後地區，是日本最有名的產米地區，例如受到全日本歡迎的越光米（koshihikari）就是產自於此；日本大約有二百家米果公司，有百分之九十集中在這裡。

事實上新潟縣並不富裕，有名的日劇《阿信》的故事背景就是在這裡，主要因為此地氣候冷冽，粳米（蓬萊米）一年只能一收。但是在自然資源有限的情況之下，反而激發農民栽培出一流稻米的決心，並積極深耕米製加工產品，增添更多附加價值、提高收入，讓新潟縣有「米都」之稱。

岩塚製菓安排遠從台灣特別前來的三位客人參觀了廠房和辦公室，蔡衍明對岩塚的第一印象就是機器老舊但乾淨，生產線很整齊，特別是堆放原物料的地方及員工休息室都非常整潔，顯示工人對於工作充滿熱情。

後來三人和社長吃飯時，才知道槙計作之所以會回信，主要還是因為對中國人有一份情感。二次世界大戰時，槙計作也被日本派遣到中國戰場，曾參與一九四三年的長沙會戰，但是遭到俘虜；二次戰後，靠著蔣介石「以德報怨」的政策，槙計作幸運從中國回到日本。日後宜蘭食品和岩塚製菓合作愈來愈深，後來蔡衍明甚至決定讓中國第一個生產基地落腳長沙，槙計作感慨地說：「一切都是有緣啊！」

但是這份「緣」，還是要靠蔡衍明這名年輕老闆的努力維繫才能結成，因為一九八一年的第一次禮貌性拜會，並沒有達成任何合作協定，槙計作也只是對「宜蘭食品」有了初步印象。

按照蔡衍明二十歲開始與日本人的幾次談判經驗，他心裡很清楚，連親自到日本，都沒有讓對方有任何合作意願，這代表「希望渺茫」。但他回國後仍不死心，特別吩咐廖坤池祕書再寫信，一定要想辦法邀請槙計作社長來台灣觀光，順便到宜蘭食品參觀一下。

第一封邀請信在蔡衍明回台灣之後的第一週就寄出，岩塚方面客套地表示感謝，但婉拒任何安排。蔡衍明當然沒有放棄，持續要廖祕書用各種理由邀請槙計作來台，廖祕書回憶，最高紀錄的幾個月幾乎每一週都寫信問候，於是在蔡衍明力邀之下，槙計作終於同意來台灣旅遊，順便到宜蘭食品看一看。

「我們公司的高級主管幾乎全員出動，到桃園機場去接機！」楊興財回憶，幹部們帶了紅布條，上面寫著「歡迎槙計作社長一行來台考察」，在機場終於等到槙計作一行人來到台灣，也敲開了日後合作的大門。

第2節

神酒傳奇

與日本企業洽談技術轉移的合作經驗，對蔡衍明來說其實早自二十歲就開始，最早他看準的一項產品是「Green Bean」，就是後來在台灣風行一時的「翠果子」。

當時，宜蘭食品積極爭取與製造Green Bean最有名的「春日井製菓」合作，但是沒有成功。「我猜想對方看我們是小公司，老闆又太年輕吧！」廖清圳回憶。有了和春日井等公司談判的經驗，後來製作魷魚產品時，蔡衍明又選擇和日本企業合作，對日本企業有一定程度的了解和經驗。所以儘管開始進軍米果時，岩塚態度冷淡，卻更加強蔡衍明一定要爭取到與岩塚合作的決心。

而槙計作會來台灣，除了覺得欠中國人一份情，主要還是受這個年輕人感動。到底是什麼樣的公司，會對米果市場這麼有信心、會對一項技術這麼執著？

派出「大老」和「醫生」爭取信任

為了這次槙計作來台灣的行程，不能再讓日方覺得這家公司的老闆「太年輕」，於是蔡衍明特別請出已退休的父親蔡阿仕坐鎮。

事實上，槙計作和蔡衍明相差了四十一歲，雙方年紀相差太大，生活經驗不同、沒有什麼話題，更不用說語言問題了。而蔡阿仕年紀比槙計作大一歲，受的又是日本教育，自然是招待這位貴賓的最佳人選，也讓槙計作認為，宜蘭食品有家族大老在背後「坐鎮」，是個有實力、有傳統的公司。

另外，蔡衍明也請出大姊夫鄭俊達作陪，鄭俊達是台大醫學院畢業，當時是台大醫院骨科醫師，台灣大學的前身就是台北帝國大學，醫學院畢業生更是菁英中的菁英，這讓槙計作了解這個家族的成員有一定的教育水準及背景，不但對日本文化有相當的了解與知識，也有一定的社會地位，強化了宜蘭食品在槙計作心中的分量。

鄭俊達回憶，槙計作首次來台灣拜訪，大家特別在來來大飯店（現今喜來登飯店）吃飯。他和蔡衍明家族碰面時，聊的都是日常的話題，和生意無關，但這些安排果然發揮了效果。

因為事後槙計作回憶，那一次的拜訪中，他一直以為蔡阿仕先生才是負責整個宜蘭食品公司思考和決策的人，蔡衍明不過是執行者；他根本不知道宜蘭食品實際上早就交給了蔡衍明。「否則，我根本不可能和這麼年輕的人合作。」槙計作感慨地說，這也是一種「緣」吧。

消除台灣米果回流日本的疑慮

事實上，槙計作要與台灣合作，主要存在著三大阻力：

第一，岩塚之前投資泰國沒有獲得大成功，讓他們對於米果的海外市場並沒有想像的樂觀。

事實上，當時也有台灣公司製作米果，但製作技術主要來自機器設備的販賣者，販賣機器順便提供使用技術，因此台灣一般製造的米果達不到日本的水準。這樣的品質是不是能夠滿足台灣的市場呢？

第二，如果真的要和台灣合作，岩塚又擔心技術外流。

台灣、韓國兩國的工業基礎及學習能力都比其他東南亞國家要強，特別是韓國的米質和氣候條件皆與日本相似，所以日本必須保護米果的製造技術。而槙計作自己擔任「新潟縣米果協會」的副理事長，更有責任保護米果的技術不致外流，如果宜蘭食品把技術外流給其他公司，會不會增加更多競爭者呢？

第三是怕台灣產品傾銷到日本。根據岩塚的調查，台灣當時蓬萊米一斤才台幣十多元，比日本便宜太多，萬一技術外流，台灣及韓國的產品就會回銷日本市場，日本整個米果產業說不定會被摧毀！

不過槙計作也體會到，米果產業如果不繼續發揚光大，肯定會有危機。特別是日本市場太小，成長日漸趨緩，如果一直固守在新潟縣、一直固守日本，米果一定永遠沒有未來。

剛好這時候宜蘭食品持續邀約，表現出決心和恆心，所以他決定到台灣看一看。

雙方終於進展到開始談合作方式了。原本蔡衍明提議資金的提供一人一半，但是槙計作還是決定，岩塚不出錢，只提供技術，並派出幹部前來指導，而由旺旺付出一定金額的「技術費」和「顧問費」。蔡衍明同意了。

此外，岩塚還有最後一個堅持。「米果未來絕不能回銷日本！」槙計作對蔡明衍說。也因此，儘管旺旺米果在品質上和價格上都很有競爭力，卻一直沒有開發日本市場，蔡衍明一直信守這項承諾。

「賺錢酒」傳奇

槙計作那一次回到日本之後，左思右想還是十分猶豫，部下也一再向他建言，公司不需要再冒這個風險吧？畢竟岩塚在日本米果界已有一定的地位，也不容許再次失敗。

於是，他又寫一封信給蔡衍明，表示經過全公司慎重考慮，他還是婉拒合作，希望下次再找機會。

蔡衍明接到這封信時，時序已接近年尾。他馬上再度啟程，前往日本新潟拜訪槙計作。

「我們已經向所有客戶和員工宣布了和岩塚製菓合作的消息，大家都相信這次一定會成功！」蔡衍明坐在岩塚的大會議室裡，明確地向槙計作表示，這件事情已無法回頭。

他直視著槙計作的雙眼表示，他當初會對外正式宣布，完全是因為相信日本企業會信守承諾；員工們也向他承諾，絕對能把米果做得像日本一樣好。

場面一時僵住，槙計作嘆了一口氣表示，他雖是社長，但是公司還有其他的大股東。他已經下定決心信守承諾，同意與台灣的宜蘭食品合作。「如果這次失敗，我就會宣布從公司退休。」

語畢，槙計作突然起身，走到大會議室的神壇前，取下一大瓶清酒拿給蔡衍明，對他說：「這是我們公司的『賺錢酒』，過去喝了這種酒，談生意都無往不利，這次請你帶回去，過年時一定要和同事一起喝掉，保佑你們賺錢！」

整整二十年後，許多日本企業的高階領導人參觀旺旺總部，看見槙計作的銅像樹立於大廳，銅像下鑲著斗大的四個漢字「旺旺之父」，不免低頭沉思：

要有什麼樣的決心，才能讓一項源自日本的產業進入中國舞台？什麼樣的「旺旺之子」，才能成就「旺旺之父」？

選對了合作夥伴、拿出最大決心，這項產業注定寫下不一樣的歷史。

第3節

米都取經

為了學習米果技術，宜蘭食品派出「兩人先遣部隊」，一是廠長呂熾煜，一是協理郭明修。

呂熾煜是宜蘭羅東人，一九七八年加入宜蘭食品時擔任品保課課長，專長是水產食品。當時他率先從生產魚罐頭改做牛腱絲，把牛腱絲做得比牛肉乾還軟，是屬於對新技術開發有著濃厚興趣的生產人員；而郭明修是日本明治大學企業經營研究所的高材生，經由郭明修嚴謹的翻譯，而呂熾煜又懂生產，兩人可以最快的速度習得米果製造的要義。

一九八二年四月初春，他們兩人從東京轉車到新潟市，再從越後公路支線前往岩塚工廠，一路上看著初春的信濃川畔積雪慢慢融化，這是日本最長的一條河流，孕育越後地帶一年一收的稻米，農村風光映入眼簾。

沒有退路的先遣部隊

他們兩個人來到岩塚製菓時，澤下工廠正好整修，所以住在中澤工廠的庫房裡，和其他岩塚新進的員工一起睡木造的大通鋪。儘管兩人在宜蘭食品都是高階幹部，但他們毫不在意環境簡陋，因為這一趟，他們倆抱著使命必達的信念。

「我們多少也知道公司的狀況。」呂熾煜回憶說，他們雖然不是管財務及營銷的主管，但是從公司的生產情況可以感受到營運並不穩定，產品銷售總是受到外在環境波動的影響，況且公司不大，「有一次我在辦公室，親耳聽見銀行打電話來找會計，說要抽我們的銀根！」呂熾煜回憶。

公司面臨存續的緊要關頭，他們這些工廠人員無法為公司調度資金，唯一能做的，就是把新產品開發做好，而且速度愈快愈好。根據岩塚公司的建議，宜蘭食品可以先買岩塚「半自動米果製造機」的二手機器，因為這種半自動機器容易調整，便於學習，價格又便宜，可以減低一開始投入的風險。

每天早上五點，呂郭兩人在寒冽的清晨中起床，梳洗完畢之後，大約六點在中澤工廠吃早餐，通常是和式的早餐，一個飯糰，配上海苔片和烤魚，再加上一大碗味噌湯，「整個身體都暖和起來了。」呂熾煜這麼說。大約六點多，岩塚的製造部長高橋和明會開車來接他們兩人到工廠實習。

七點之前兩人就進入工廠中，先學習清掃機器四周，再開始暖機；另一方面，也從洗米、浸米到如何把送米進入機器開始學習，每天上午大約要試烤兩大鍋分量的粳米。兩人練習的機台就是宜蘭食品向岩塚購買的二手機器，由他們先在日本學習如何操作。

到了中午在大食堂吃飯，下午則前往岩塚工廠，借用八角形二次乾燥機練習做二次乾燥，這個過程不難，但由於要借用別人的機器，必須等待岩塚工廠當天的生產排程結束之後才能使用，常常要到下午兩、三點才輪得到機器空閒下來，呂熾煜和郭明修就趕快開始暖機、準備製程。

每天下午四點多，岩塚社長槙計作會在下班前來工廠巡視，也特別繞過來看看他們。不過雙方往往沒什麼交談，因為岩塚員工要下班時，正是呂郭兩人最忙的時刻，因為借用岩塚的機器使用過後，必須動手清洗機器、清理工廠。「我想，他也沒有想到我們會親自下廠動手吧！」呂機煜說。

有時回到宿舍已經七、八點了，兩人隨便吃了便當就洗澡就寢，準備隔天一早再去工廠。這一段時間內，宜蘭總廠及台北總公司沒有人和他們聯絡，他們也不知台灣的情況，只是全心全力學習米果的每一道製程。

充分體驗日本的敬業精神

從生產線的個人衛生開始，岩塚的技術人員就提醒他們，每個人每天平均會掉六十根頭髮，因此無論是自己的清潔衛生或保持生產線整潔，一天都不能鬆懈。

此外，日本人在工作現場追求問題原因的精神，完全不同於一般台灣人「頭過身就過」的做事態度。台灣人只要能夠解決問題，往往不會進一步探究原因，但是在岩塚的工廠裡，每個細節都會被追問到底：為什麼某一批產品含水分比較多？為什麼會發生乾燥不足的狀況？如果是前一段作業的責任，就會一段一段地追究。在這裡，台灣工廠慣用的「踢皮球」方式是行不通的。

比如原因推定是「原料壞了」，現場的管理員就會追蹤是什麼原因讓原料壞掉，是檢驗不夠？存放問題？還是使用問題？而一旦發現問題，岩塚的技術人員也會傾囊相授，與學習者一起分析解決之道，知無不言、言無不盡，不會把相關技術藏起來。

辛苦學習之際，只有在週日，岩塚的製造部長圓山會帶他們到鎮上的居酒屋打打牙祭。「最早他們只請吃拉麵，後來才請吃生魚片啦！」郭明修說，新潟人的個性很保守，其他人一開始也不看好這項合作，但是一、兩個星期下來，看見宜蘭食品的兩名「高幹」全力學習，也開始放開心胸、毫不保留，發揮新潟人厚道熱情的一面，讓呂郭兩人漸漸有「春天終於來臨」的感受。

新潟地區是日本有名的豪雪地帶，日本第一位諾貝爾文學獎得獎主川端康成的成名作《雪國》就是以新潟縣為故事背景，而「雪」對於當地也有特別的意義，他們用雪融後的雪水耕田，等到稻穗成熟時，正好雪也完全融解了，日本媒體形容這種絕佳的大自然韻律，創造出日本第一的新潟米。

令人難以置信的是，據說「以前的新潟米非常難吃，連鳥都看不上眼」。後來新潟能成為日本第一的壽司米王國，據說就是因為人們忍受冷嘲熱諷，不斷下工夫改良的執著成果。而對呂郭兩人來說，這一個月的時間又何嘗不是如此？只能全心想著要引進新的產品到台灣，挽救宜蘭食品的頹勢；兩人學成之後，目標是兩個月後就可以在台灣生產米果。

留在台灣主持最後反攻計畫的蔡衍明，人生何嘗不是處在最冷冽的寒冬之中？他形容每天看著赤字增加，身邊還帶著不到十歲的蔡紹中，只能深切期盼米果這一戰能夠成功。

台灣生產線正式開動

一九八三年五月，米果機器正式移入宜蘭食品的新城廠，花了五天時間裝機、空車試運轉，隔一天便迫不及待地試產，經過洗米、製粉、燒上等過程（詳見第五章），第二天中午，第一批在宜蘭生產的米果就正式出爐了。

大家簇擁著當時特別來台灣的日本顧問小野塚勝，看著他一面咀嚼米果、一面頻頻點頭，所有幹部也一擁而上、圍著機器，咬下剛出爐的米果，品嚐著香脆口感，不敢相信這是台灣本地稻米生產的米果，眾人的鬥志旺盛地燃燒起來。「我們做出來的產品，別人根本吃不出是日本還是台灣做的！」廖清圳回憶當時興奮的心情。

除了一般的米果，大膽的蔡衍明也準備推出「夾心」米果。這項產品即使在日本也很少見，但是在蔡衍明的觀念中，既然要做，就要比日本更為創新，要在米果中間夾餡、夾果醬等。

不過最後這個構想一直沒有實現，因為餡料和米餅的結合要更穩定，才能讓消費者吃出米果的另一番滋味，蔡衍明決定等更了解消費者口味之後再伺機推出。

事實上，在宜蘭食品轉型為米果廠的過程中，投資金額最高的機器不是烘焙機，而是包裝機。特別是食品產業，產品能不能順利出廠，包裝機是最後關鍵，於是蔡衍明再度周轉了二百萬元，購入日本富士的二五〇包裝機。「唉，當時銀行經理看到我就想跑掉！」蔡衍明形容當時向銀行貸款的心情，但還是得硬著頭皮撐下去。

當時農民銀行羅東分行經理陳志雄和宜蘭沒有淵源，上任之後發現宜蘭人情味極濃，非常純樸。「我的宿舍在銀行樓上，只要燈亮著，就有人找我吃飯！」陳志雄說。這裡人和人之間幾乎都認識，於是「信用」非常重要，大家也互相信任和幫忙，所以他雖然和蔡衍明沒有特別熟，但是碰到蔡衍明來借兩百萬，即使沒有任何擔保抵押品，他也從幫助年輕人創業的心情，核准自己所能決定的最大額度。這是陳志雄金融生涯最愉快的一年。

富士二五〇包裝機是一種半自動的包裝機，要以人工放置產品，沒有辦法全自動，一分鐘的最高極限是完成二百二十個小包的米果。當時負責包裝製程的李子榮指出，為了提高產品的出廠量，他們一直研究如何提高包裝機的效率，然而一旦超過每分鐘二百二十包的設定，就會讓機器振動率大增，容易損害鍊條和齒輪。

不過對台灣工廠來說，更換齒輪及鍊條的人工都很便宜，於是他們設法調整機器的速度達到一分鐘二百八十包，等於比極速再提高百分之二十五！這是台灣生產米果的一大優勢。

第4節 仙貝，神仙的寶貝

很少人知道，台灣第一批「中日技術合作」的自製米果，其實並沒有掛上宜蘭食品自己的品牌。

誠如本章第一節所述，當時日本進口的米果，每一箱經銷價可以賣到八百六十元，一箱通常有六到八包，等賣到消費者手中，一包價格可以賣到二百元，等於一箱可以賣一千二百元到一千六百元，卻仍大受市場歡迎、消費者趨之若鶩，也為經銷商帶來可觀的倍增利潤，這一點讓宜蘭食品的企畫人員產生了另類思考。

「既然我們的品質和口感一點都不輸日本產品，為什麼不採用日式風格包裝，價格賣得一樣？」這個構想受到蔡衍明採納，主要也是想挑戰消費者的口味，能不能吃出這是台灣人自己做的產品。

定價訂到七百八十元，這個價格是台灣自製休閒食品的最高紀錄，蔡衍明笑說：「雖是『假日本貨』，但是賣得供不應求！」

日式米果大受歡迎，台灣的餅乾糖果同業也紛紛買來日本機器，搶進這個市場，但宜蘭食品生產的「台灣最貴的餅乾」已率先狂銷了半年，也使原先做魷魚絲時公司資金入不敷出的情況，在半年內獲得大幅改善。

冥想之中聽見「旺旺」

另一方面，為了迎戰台灣米果愈來愈多競爭者的情況（包括可口公司的賓賓米果等），宜蘭食品決定開始打出自己的品牌。

雖然宜蘭食品已有「浪味」等品牌，但「浪味」主要訴求「海浪裡的口味」，顯然和米果的定位不同，蔡衍明必須想出另外一個名稱來打響新產品的名號。

首先，因為是休閒產品，品牌名稱一定要親切好記。再者，品牌名稱一定要叫得「響亮」，所以字數不能太多，文字也不能太艱澀。在一次清晨的冥想之中，「旺旺」兩字開始出現在蔡衍明腦海中。

「旺旺，其實也是一片接一片吃個不停的意思啦！」十多年後，蔡衍明在香港法人投資說明會上進一步解釋，「旺」字的諧音很像「One」，而「旺旺」也就是「One On One」一片接一片吃個不停的概念。不過，這些解釋都是事後的講法，蔡衍明最初採用「旺旺」兩字還是因為響亮好記，也可象徵帶來吉祥好運。畢竟叫得響亮，無形中增加許多傳播的效應，對於新產品來說至為重要，於是「旺旺」便成為米果的品牌名稱，而且趕在一個星期之內，從品牌、包裝、企畫、通路廣告等全都設計完成。

另外，日本稱米果為「senbei」，蔡衍明將之音譯成「仙貝」，也就是「神仙的寶貝」，於是他乾脆叫旺旺生產的米果為「仙貝」，這樣一來，「旺旺仙貝」直接向消費者訴求「旺旺的品質和日本同樣水準」的印象。

蔡衍明將「旺旺」和「仙貝」兩個名稱都做商標註冊，也是第一家用兩個註冊商標做成的品牌。旺旺仙貝的第一支廣告很簡單，請來當時的「大嘴歌后」蔡琴擔任廣告明星，用蔡琴性感的大嘴，訴求仙貝的脆度，讓人難忘的滋味一片接一片。

確立企業的拚鬥精神

此刻全新品牌上市，又有業務主管建議再去一趟「十八王公廟」參拜，預知運勢。誠如先前所述，魷魚絲的靈驗經歷讓十八王公廟成為宜蘭食品的傷心地，但蔡衍明沒有拒絕，仍帶幹部前往參拜。

也是這一次到十八王公廟，蔡衍明才發現，原來這裡拜的是一隻「義犬」，這件事讓他大為開懷，因為「旺旺」很像狗吠聲，不是正好和義犬的護佑不謀而合嗎？「這算是一種緣分吧！」蔡衍明說。

虔心敬拜，心誠則靈。而這次蔡衍明沒有抽籤，他向幹部解釋原因，他不是不相信十八王公廟的靈驗，而是從自己二十五年的生命經驗，悟出「我信命運，但是不算命」的想法。

所謂「不算命」，就是要用自己的努力和信念奮鬥到最後一分鐘，完全發揮與生俱來的能力。他認為如果提前知道結果，「這樣的努力就沒有作為人的成就感和樂趣了！」

從心理學的角度來看，如果預知結局是不好的，要不要拚一下、抓住轉機呢？反之，如果預知結果是好的，就什麼都不做，等待命運之神的安排，這樣不會有風險嗎？心態若在這種疑慮之間搖擺，行動的果決度和精確度就會受到影響。

而從管理的角度來看，有信心的人不管抽到哪一種結果的籤，都是有幫助的，因為他們會提前做各種預防準備工作；但是對組織中其他的員工來說，難保不會有所影響，不是過於樂觀，就是過於悲觀。「你不受影響，難保別人不受影響。」宜蘭食品剛開始販售魷魚絲時抽到了「下下籤」，影響就很明顯，所以蔡衍明從中記取教訓，他相信命運，但是不用命運來做事業上的決策。

開闢副品牌新戰場

就在這同時，旺旺仙貝在市場上面臨可口公司的賓賓米果即將上市的競爭，蔡衍明一方面努力打響品牌，一方面也將自有品牌旺旺仙貝米果的價格從一箱八百六十元一口氣降到五百六十元，仿日貨的則是七百八十元一箱，而且品質依舊比美日本米果，馬上搶得了五成以上的袋裝產品市場。

曾任米果事業群總經理的廖清圳指出，一箱二點五公斤裝的米果，批發價可以賣到五百六十元，對照一斤蓬萊米不到二十元，五斤是一百元，即使加上生產管銷費用，依舊很好賺，只是生產設備的產能不足，每天最多只能生產五公噸。

「我最佩服董事長的，就是他把一開始賺來的錢，馬上再投入生產設備！」廖清圳指出，當時旺旺和賓賓都使用半自動化設備，每天生產量有限，見此情形，蔡衍明毅然決然再投資上億台幣，購買日本全自動的ＦＢＤ乾燥機，每日產能一下子增加三倍，達到十五噸，市場均勢從此打破。

有了三倍的產能做後盾，旺旺不但稱霸袋裝市場，連價格較低、市場上論斤論兩的「散裝市場」也不放過，另外推出副品牌，平常一箱五百元的米果價格再下殺一半，從五百元降到二百五十元。「我可以不賺錢，但是要逼得對方怕賠錢而退出市場，這就要靠戰略！」蔡衍明語重心長地說。

一統台灣米果市場

其他品牌如果還想用成本和旺旺硬拚，只會影響到品質，最後消費者反而更信任「旺旺」這個品牌，於是不到三年時間，旺旺一統「袋裝」和「散裝」市場，在台灣市占率高達百分之九十以上！

米果要成為常銷型產品，品牌扮演了關鍵角色，剛好「旺旺」正是許多人企求的好運和財運。而這個以「旺旺」為名的食品與祭拜相結合，效果又如何呢？

從中原遷來台灣的閩南人，除了習慣用「三牲」祭拜，還會外加糕粿、米龜等食品，許多都是米製品，所以高級的米製加工產品應該很符合祭拜的原則。

說到祭拜的習慣和時機，一九七〇年代開始，台灣正好進入高度工商社會，九〇年代的兩千多萬人口就有一百多萬人領有工商登記執照，其中大部分是中小企業，而商人於初一、十五拜拜的習慣相當風行，更不用說家中虔誠祭拜的長者，加上祭祖或是一些個人的祈求，這樣祭拜的頻率，其實已不輸給歐美社會每週日上教堂的習慣了。

除此之外有五大節慶，清明、中元、中秋、端午、春節，猶如歐美之復活節、感恩節、耶誕節等，熱鬧及消費程度不遑多讓，加上許多閩南人家中都有供桌，供桌上放的不外是鮮果和食品，這些都成為旺旺仙貝的「市場溫床」。

所以，米果產品在台灣流行了兩、三年後，雖然產品好吃，但是消費者已不再有新鮮感時，旺旺開始以一系列「拜拜用旺旺」的廣告接力，使旺旺從流行商品變成「長銷型商品」，每當節慶來臨或需要祭拜時，家中長輩都會主動購買「旺旺」。

三年之內，旺旺勢如破竹，成為台灣米果第一品牌，並且擁有主導市場的力量，也讓岩塚集團刮目相看。一九八七年，日本岩塚製菓正式決定出資，與宜蘭食品合資一人一半，在宜蘭設立「廣興廠」。

第二部

自信

第四章　生產的自信

因著湖南人的熱情和一通電話，徹底改變了旺旺進軍大陸的全盤計畫。湖南望城縣動員上上下下打造地方基礎建設，而旺旺引進踏實的工作態度和積極的人才培育，雙方的完美結合打下堅實的發展基礎。

第1節　哪邊熱情，往哪邊去！

「龍書記，旺旺願意來湖南看看了！」當時是華湘集團的事務員、後來任職旺旺湖南長沙副廠長的傅集雅，忍不住騎著腳踏車前往湘江堤防旁，通知正在抗洪的湖南省望城縣書記龍雙武。

改革開放以來，位於內陸的湖南努力招商，他們期盼了半年，終於有企業要來這個距離香港二千公里的內陸城市開發區看一看了。

早從一九八七年兩岸開放觀光探親，一年內就有三十萬人次進入大陸，也持續吸引外資進入中國。

龍雙武是在一九九〇年上任望城縣書記，當時他已五十歲了。由於正好遇到一九九一年開始的長江洪水，龍雙武幾乎都在堤防旁待命，站在第一線指揮「抗洪搶險」；傅集雅形容，幾乎每一次看見龍書記，他的褲管都是溼的，腳上穿著半截雨鞋，沾滿了泥水。

從一九九〇年開始，短短半年內，旺旺的建廠考察一共考察了四十多個地方，特別是沿海一帶省分積極對外招商，於是旺旺也和許多台商一樣，先後考察了廣東、福建等沿海一帶，當時根本不會有人想到湖南。而蔡衍明在朋友介紹下，本來已決定在廣東珠海投資，主要考量是離港口近、交通方便，用水又充足。於是，旺旺買下了珠海四十畝的土地，準備建廠。

一通電話改變了全盤命運

前置作業結束之後，正好遇到星期日，投資大陸的先鋒部隊回台灣的機票要隔一天才有位子，於是五人考察小組到友誼商場逛街，順便考察一下市場狀況，沒想到接到來自台北的電話，幕僚室的祕書希望他們再到湖南長沙看一看。

這一通電話，改變了旺旺全盤計畫，也改變了廖清圳的命運。

「就當做去玩一趟吧！」廖清圳形容當時的心情，反正大家都沒去過湖南長沙。因為臨時改變行程，時間緊迫，只好搭夜班火車從珠海到長沙，但是一行五個人只買到四張有座位的票，而且還是慢車最普通的硬臥座位，於是只好五個人輪流坐、一個人輪流站著。

一路上車廂內很擠，有人吃甘蔗，還有人隨地吐痰。輪到廖清圳從座位上起來站著，讓其他同事坐下時，一位站在身旁的同車大陸旅客直接用手擤鼻涕，擤完後居然大手一揮，鼻涕正好就落在廖清圳的皮鞋上。

廖清圳嚇了一大跳，但畢竟這是內陸居民的習慣，在九〇年代初期根本還沒有公共衛生的概念，只好一路忍著到達長沙。在車站迎接他們的，是「湖南華湘進出口集團」的毛祕書一行人。

原來華湘集團和旺旺聯絡了有半年之久，一直給旺旺總公司寫信，而且旺旺需要了解的資料，包括湖南當地各種氣候溫度、農產品生產狀況、稅務等相關資料，華湘很快就準備好，讓台北總公司行政人員也覺得很訝異，於是蔡衍明想，既然公司正好有人在大陸，順便去考察一下也很好。

前進希望之城

華湘進出口集團是當時湖南最大的一家貿易企業，負責整個湖南省的對外商貿事宜。為了吸引海外企業前來投資，華湘為有意到大陸投資的外商提供了許多湖南省市相關資料，現任旺旺湖南廠副廠長的傅集雅，當年就靠著一輛腳踏車，幫忙到長沙市各個單位找資料。

華湘集團帶廖清圳一行人參觀過長沙之後，就帶他們驅車前往有「希望之城」之稱的望城縣。望城與長沙接壤，這個城市過去並不出名，許多台灣人根本沒聽過這個地名。望城在一九七八年剛和長沙分開，以湘江為界，獨立成一個縣級市；由於望城的水運較不發達，所以經濟方面比長沙貧困。而在交通方面，從長沙連接望城的是一條坑坑疤疤的「雷高公路」，其實是連柏油都沒鋪的「毛公路」，從長沙到望城十六公里的路，廖清圳等人坐車坐了三小時才到。

望城縣書記龍雙武已經等候多時。這名曾在湖南財經學院受訓，擔任過湖南省計畫委員會副主任、統計局長的縣府領導人深知，和沿海城市相比，望城的條件差了一截，人才也不充裕，但是他仍抱著一線希望，因為在他眼中「沒有辦不成的事，只有辦不成事的人」。

考察過許多地方，從廣東臨時受命、千里迢迢來到望城的廖清圳也不客套，了解望城的情況之後，馬上列出了「十大問題」，要求龍書記提出解決之道，包括前四項「三通一平」（通路、通訊、通電及整地）、水的來源、人力來源，最後四項則是稅金、租金、設備進口及內銷的問題。

在廖清圳眼中，望城一切百業待興。當時整個望城的建設連「落後」都談不上，全市只有一處紅綠燈、一座最高的四層樓平房。

但讓廖清圳驚訝的是望城領導人的決心。

「龍書記把未來對望城的計畫全部貼滿牆上，一一如數家珍地講解，讓我印象深刻！」廖清圳回憶，龍雙武在整面牆上掛滿了地圖，告訴廖清圳，將來要在湘江上游建造三十六萬立方米的水庫、在湘江下游建一千噸的碼頭，最後更決定要修築八十米寬的大馬路，也就是所謂的「雷鋒大道」，讓望城直通長沙市區只要四十分鐘。

當時長沙通望城的「毛公路」雷高公路也才路寬六米，龍雙武一下子提出八十米的雷鋒大道計畫，讓廖清圳嚇了一跳。

老省長解決電力問題

至於旺旺的十大問題，龍雙武也馬上回應，包括承諾將旺旺看上的整片山坡地推平，在半年內建好廠房，並將整個工業區以每畝四萬元人民幣的價格賣給旺旺；當時唯一沒有馬上承諾的主要是電力問題，因為旺旺要求兩千瓩的電力站，但是根據當時的計畫經濟制度，超過五百瓩的電力，需要由中央的「三電辦」（「三電」指的是計畫用電、經濟用電、安全用電）批准。

廖清圳結束考察離去之後，湖南省長馬上請老省長劉正出馬，請他寫一封信給任職於北京能源部的舊日部屬，而正好當時的能源部長就是湖南人，經過來回聯繫，終於能從軍方使用的電力站拉一條工業專業用電輸電線到望城。

另一方面，望城也承諾旺旺解決產品內銷的問題。原來，一般地方對於三資企業（指中外合資企業、中外合作經營企業、外資企業這三類外商投資企業）的「二免三減半」優惠，即投資前兩年免繳企業所得稅、後三年只需繳一半稅收的優惠，主要是針對「出口」企業而言，當時還沒有針對做「內銷」市場的三資企業開放優惠。

於是望城領導建議「雙管齊下」，一是將投資額從一千萬美元降為九百九十萬美元，因為投資額超過一千萬美元需中央審批，若未超過則只需省方審批；另一方面以「生產品質尚未成熟」為由向省領導說明，投資設廠的初期先以內銷為主，未來待生產環境成熟之後，再將三分之一的產品改做外銷。

有了望城領導的建議，以及華湘企業的積極協助，最後望城更開出了比照電子業高新企業（高科技產業）的條件，這讓原本決定在珠海投資的廖清圳真的猶豫了起來。

儘管廣東珠海的基礎設施環境成熟、離香港又近，然而湖南望城什麼都沒有，卻有「辦實事」的精神。廖清圳無法決定，只有請示蔡衍明裁奪，而蔡明衍直接批示：「哪邊熱情，往哪邊去！」

答案很明顯了，於是旺旺將已圈好的珠海土地轉讓出去，旺旺集團正式與華湘集團聯姻，合作成立旺旺集團在大陸的首家企業：湖南旺旺食品有限公司。

一九九二年七月一日，雙方在榮園賓館正式舉辦了簽約儀式，湖南省為了迎接這件改革開放以來最大的投資案，五套班子黨、省、政、軍、人大領導全部到齊，包括當時省長陳邦柱、副書記孫文盛、汪笑峰（主管外貿）、副省長董志文等，盛況可謂空前。

但是對旺旺來說，空前的挑戰才正要展開。

第2節
迎接旺旺的八十米雷鋒大道

為了迎接旺旺集團，當時人口七十多萬的湖南省望城縣要建第一條八十米寬的「雷鋒大道」，而且在簽約儀式的下午就開始動工。

取名「雷鋒」，是因為雷鋒的故鄉就在望城。只要是七〇年代在大陸成長的一輩，少有人沒聽過「雷鋒」大名，這名士兵當年為民服務、樹立了榜樣，毛澤東特別提出表揚，呼籲全國人民學習「雷鋒精神」。

不過當雷鋒大道碰上了現實問題，則考驗「革命」的智慧，首要的挑戰就是資金問題。

簽約後，基礎建設才要開始

要修建十六點二公里長、八十米寬的雷鋒大道，依估算總共需要四千七百萬人民幣。當時龍雙武的計畫是爭取省裡補助二千萬人民幣，儘管當時的望城縣從來沒有一個項目的補助金額超過二百萬人民幣，但是龍雙武積極爭取省的支持，拿到了這筆經費。

但是還有其他二千七百萬怎麼辦?雷鋒大道開出的路線將會經過長沙三個區、五個村、十幾個鄉鎮，這二千七百萬主要是徵地費用，於是龍雙武「就地找人」，比如說經過學校的土地，就說服學校先捐錢；或是鎮長換算土地價格約十多萬，屆時從稅收中扣除。

龍書記認為，自從五〇年代土地改革以來，有些土地已放了四十多年，根本沒什麼效益，於是他和當地的領導協議，這筆土地徵收費用先欠著，等到大路開了，沿著大道兩旁的土地開發起來，再繳出收益的一半，另一半還給地方。

這樣一來，許多鄉鎮都樂於開發這條大道。「要算大帳，不要算小帳。」龍雙武強調，土地開發之後對大家都有好處。

事實上對望城龍書記來說，他是賭上烏紗帽來迎接旺旺。

因為從中共建政到一九九一年已超過四十年時間，湖南許多民眾很難理解，共產黨的幹部為什麼要請台灣的資本家到「家門口」來開廠子？而且還給這麼多優惠政策？

湖南是毛澤東的故鄉，也算是革命的聖地，難怪此地民眾會以意識形態角度來看開工廠的意義，這顯然不同於沿海省分；而對許多黨的幹部來說，心裡又何嘗不掙扎？再加上地方一年的稅收本來就沒有多少錢，如何去修築八十米寬的大道？

而且和台灣企業合作，有沒有政治上的風險？就像台海情勢如果緊張，甚至發生戰事，會不會中途而廢？

龍雙武在開路過程中至少開了兩位數次數的「幹部大會」，給大家做「思想工作」，主要是強調三件事情，一是在地方稅收方面，旺旺一定會讓收入增加；二是可以為湖南引進深度加工的食品業；三是農村的剩餘勞動力可以獲得特別安置。

最後，龍雙武這位曾經因為劉少奇下台而遭到牽連的老幹部，為了展現修建雷鋒大道的決心，特別召集了全望城縣各級最高幹部，總共二十多位地方領導，大家沿著雷鋒大道的預定路線走一趟。一百多人的隊伍，在十六公里的路上，總共了走了三個多小時！

但是仍有黨員把龍雙武告到省裡，認為他圖利台灣資本家。曾經管過八個廠房、八千人鎮辦企業的龍雙武，則向紀律委員會力陳，這是望城唯一翻身的機會，絕對能將經濟「搞上去」。

擁有企業經營背景的書記

龍雙武畢業於湖南省第一師範學校化工系，算是毛澤東的「學弟」，他先在長沙省委擔任祕書六年，後來被派到兩萬人的小鎮「銅關」擔任鎮長，鎮上有一個專門生產「放大鏡」的鎮辦企業，雖有八個廠房，但始終處於虧損狀態。龍雙武了解地方想要「脫貧致富」只有辦工業，於是他積極抓好質量、降低成本，最後打開了市場，讓銅關小鎮也有自主的工業。

於是當湖南省想要發展工業區，就想到要借重龍雙武的能力。事實上中共也有計畫培養幹部，像龍雙武就參加了湖南第一期境外幹訓班，特別送到新加坡去受訓，讓他的眼界更寬廣，對於推動開發區更有想法。

龍雙武觀察，當時雖然進入改革開放，但真正要做「經濟開發區」，許多人都在觀望。龍雙武擔任副縣長時，主管工業及公共交通，他特別到深圳招商，並發動寫信給企業中的湖南老鄉，希望他們介紹想到中國投資的企業來湖南看看。

一九九〇年他升任書記之後，更是全力招商，希望整個縣可以翻身。「思想要通過了，一切才能進行！」龍雙武形容這樣的轉變過程。

從六〇年代開始，大陸有了不同的糧食系統、不同的體制，因此若要為外資服務，必須要讓老幹部了解發展經濟的目標是一致的。「對於外資企業我們不要怕，我保證大家一定領得到糧票！」龍雙武向老革命幹部們提出保證，這才讓反對聲浪暫時停下。

旺旺的湖南長征

而對於旺旺幹部來說，特別是來自宜蘭的子弟兵，這是一場真正的「長征」。

第一場震撼教育是一開始建廠，農民就打起架來。

過去台商投資廣東，主要原因是方便出口，投資福建則是文化地緣相近。但是對於湖南，台灣人的印象是湖南人有很硬的騾子脾氣，以及曾國藩的「湘軍」，給人的印象是湖南人很會打仗。

原來湖南農民很勤勞，但性格本來就很強悍；他們常常利用農閒時分出外打工，於是開始鋪路及建廠時，會有許多農民站在路邊等待招工機會，但是招工數量不是這麼多，每天都有農民為了搶工作而打架，旺旺只好趕快請當地公安調解。

第二是無孔不入的偷竊行為。建廠工程開始之後，許多農民都沒有見過現代的工程設備，像是打地基的鑽孔機、堆高機等。舉例來說，堆高機的方向盤上有一個圓球型的把手，輔助駕駛員控制前進方向，但旁觀的農民以為只要握有方向盤上的圓球把手，就可以開動整部車子，於是趁中午休息時分把圓球把手偷走了！

圓球把手雖然無法發動堆高機，但少了它就很難操控機器，讓旺旺的幹部氣極敗壞，後來在施工過程中都有保安監看，拉起黃線不准村民靠近。而另一方面，為了怕旺旺受到不明單位的人打擾，乾脆在廠房外掛上湖南省「重點保護單位」的牌子，讓許多想找麻煩的人知難而退。

而壓力最大的，還是進度上的挑戰。

望城的土壤屬於含鐵量高的高嶺土，這種紅泥巴在下雨過後會變硬，正好旺旺開工之後馬上遇到八月的多雨季節，只要一下雨，工程進度就慢了三成。

而進入大陸設廠之後，旺旺蓋廠有一個特色：必定是一邊蓋廠房、一邊開始準備建立生產線；「邊蓋廠房、邊安裝設備」最大的難度，在於如何在建造廠房過程中移入機器並試車。「廠房預定地外堆滿了各種砂石建材，路又還沒有鋪好、一片泥濘，要把機器移進，談何容易？」湖南總廠廠長林焰火說。

要生產就必須有原料和機器零件，林焰火回憶，光是搬鍋爐就搬了四趟。另外還要在庫房存放原料，在在考驗五名台灣幹部的體力，因為大家要輪流在深夜值班。華湘的幹部們就回憶，在建廠過程之中，常常到了半夜一點，廖清圳的辦公室都還沒有熄燈。

你是哪一位太太？

此外，比較不為人知的是生活上的挑戰。

原來望城只有一間「縣委招待所」，一有外賓來訪就擠爆了，更不用說來自日本、台灣支援的專家，於是望城縣委特別安排工廠對面的一棟三層樓房供旺旺幹部使用，每層不到八坪大，一層辦公、一層開會及接待客人，一層作為居住用。

只不過這棟樓房「家徒四壁」。夏天的時候，望城晚上的氣溫仍高達四十度，長沙正是中國「三大火爐」之一，而五個人住的大房間只有一支電風扇，而且朝著中間地上吹，林焰火回憶，他睡在上層，想用紙片引風，馬上被睡下鋪的人抗議。

另外最恐怖的是浴室和馬桶連在一起，而且馬桶是蹲式的糞坑，洗澡時握著肥皂，一不小心肥皂就掉進坑洞裡；而到了冬天，連洗澡的熱水也有限，於是常常五個大男人擠在有熱水的一面牆旁一起洗澡。「有時根本不用肥皂，因為碰到別人身上的泡沫就夠了。」林焰火回憶。

更好笑的是，有一次他們發現工廠後面有一口井，於是半夜到井口去沖涼。洗前還沒有異狀，但是洗完之後打開手電筒，才發現水井旁都是蟲蛹，大家嚇得再也不敢去那一口井洗澡。

最委屈的恐怕還是被家人誤會了。工地廠房一直趕工，噪音太大，電話時常聽不清楚。有一次廖清圳的太太從宜蘭打長途電話到湖南，是同事接的電話，詢問是誰找廖總，於是廖清圳太太表明身分，在電話中說：「我是廖總的太太。」由於雜訊太多，且在施工現場聽不清楚，同事只好重複詢問：「你是哪一位太太？」這讓廖清圳的太太以為他在大陸還有「好幾位太太」。為了這件事情，廖清圳太太忍不住大發雷霆！

第3節 到北京找萬里打橋牌

經過一年多的建廠過程，一九九三年底，湖南第一條生產線開工在即。旺旺既有的企業精神，在當地造成許多正面影響。

工廠開始在當地招攬工人時，特別對於學歷、身高及年齡提出要求，原本心中就存疑的民眾議論紛紛：「怎麼只要年輕妹子？台灣老闆在這裡是生產食品，還是在選美呀？」

許多人鼓譟抵制這次的招聘，原本要招三百人，結果只有五十人來應徵。其實對於身高有所要求，主要是針對操作機器的適合度，而年輕化本來就是旺旺的政策，因為年輕人學習快、身體好。這時，縣委只好再度出面了。

展現企業誠信與良好執行力

旺旺決定投資望城之前還有一段插曲。長沙市領導人知道望城縣成功吸引旺旺投資近千萬美元之後，居然準備來「搶親」，不但條件開得和望城一樣，甚至撥出靠近長沙最大的「黃花機場」的一塊土地供旺旺設廠，旺旺就不用老遠跑到望城設廠了。

但是最後旺旺依然不為所動。「他們讓我們看見了企業的誠信作風。」華湘集團的孫康敏總經理說。其實長沙等城市想來說服旺旺時，望城也做好最壞準備了，因為條件實在不如人，無法再提出更多優惠，但是旺旺還是信守承諾。

其實，互信不是一天可以建立的，湖南人也持續觀望。

舉例來說，旺旺承諾設廠之後會送望城子弟到日本新潟縣實習、學習工廠技術，每年送三十二名，連續七年，後來果然兌現了這張支票。這些望城子弟可以支薪，所以每位員工實習一年回來之後，都存了至少八萬人民幣，足夠在望城蓋一棟兩層高的樓房，而且連續十年，總共有三百多位望城員工受惠。「他們是第一批在望城蓋起自己房子的人，造就了望城員工的典範！」傅集雅說。

其次，旺旺展現了高度的執行力。華湘集團的孫總經理就發現，旺旺的幹部不像有些公司的幹部，一天只跑一個單位辦事，而是一個早上拜訪三個單位；其他幹部前來望城視察，行程也都排得很緊湊，同時還要考察當地食品市場，最後晚餐常常就在路邊解決。

更讓他們嚇了一跳的是，有一次蔡衍明董事長來視察，直接坐上簡陋的「麵包車」，到當地的「下河街」去吃小吃，讓湖南人見識到台灣企業平實的一面。

充分授權，打造融洽的地方關係

再者，旺旺也展現了充分授權、聽取他人意見的企業特質。華湘是旺旺的合作單位，但是從旺旺建廠開始，華湘提供了很多在地的意見，其中包括貴賓室要大一些，因為這是湖南第一家台資企業，一定會有很多長官來參觀。

果不其然，旺旺於湖南長沙設廠之後，包括外交部長錢其琛、副總理人大委員長喬石等人都曾來參觀。「我們的話，他們聽得進去！」華湘人員表示。

第四則是地方關係融洽。

台籍幹部雖然一切從簡，但是湖南長沙廠後來買了一部「凱迪拉克」豪華轎車。一開始大家都不了解蔡衍明的用意，後來才發現這輛車不但可以接待前來參觀的貴賓，平時也可以借給地方接待外賓使用，無形之中與地方領導的關係更為融洽，遇到問題也更好解決。

這時候，望城縣發揮了「湘軍」的戰鬥力，不但「雷鋒大道」在一年內如期完成，對企業的優惠政策、保證用電等承諾也全部兌現。「我認為最大的關鍵在於龍書記等人曾有實際的企業經營經驗，知道企業經營的挑戰和需要。」廖清圳指出。

「一條龍服務」非常到位

像是土地、水、電、稅務等問題，都是工廠營運的命脈，反觀台灣有些官員一談到這類問題好像覺得不重要，或是害怕「圖利他人」，不了解工廠經營的痛苦和壓力，一談到各種補助措施都避之唯恐不及。「或許因為台灣官員都是文官體系出身的關係吧！」廖清圳感慨地說。

湖南當地領導有過實際經營企業的背景，所以像是「一站式」審批、「一條龍服務」也都更為到位。而對旺旺來說，選對了合作夥伴「華湘集團」，正是旺旺能在湖南快速立足的關鍵。

「如果當初我們選擇獨資，還不一定這麼順利。」廖清圳指出，華湘對當地熟悉的程度，至少讓旺旺節省許多時間。許多台幹在外地都有這樣的經驗，一件事情跑了三次，還不一定跑得下來，有時倒不一定是人為刻意阻撓，「而是看知不知道找誰去辦、如何辦最快速！」廖清圳強調。

從工廠的瓦斯氣槽、安全問題到勞動局的工人問題等，都需要各種驗證手續，有了華湘的對口扶持，驗證起來十分順利，連像蒐集很多水文資料、地下水資料等也更快速。更複雜的是，有時要動用到中央的資源，像是燒重油的鍋爐等，必須由中央的省計委及能源辦來決定。「華湘甚至能幫我們協調中央的關係！」廖清圳說。

舉例來說，華湘知道北京中南海有許多人開始流行打橋牌，於是一九九二年時，華湘和旺旺特別在北京釣魚台國賓館舉辦了「旺旺杯」橋牌賽，不但許多官員都來參加，連當時的人大委員長萬里都前來參與。其實整個活動花費不多，但是許多人對於第一家跑到湖南投資的台資企業「旺旺」的印象就變得很深刻了。

工廠開設初期幾乎每天都有狀況。像是工廠附近的魚塭，有一天清晨魚全死了，業者跑來向旺旺索賠，而根據相關單位的檢測結果，根本不是旺旺的排水造成的，這時連中共紀律委員會也看不下去，主動教育老百姓，資本家並不欠老百姓什麼東西。

不過對於望城的地方官來說，他們重視的不只是除弊，更重要的是興利，龍雙武對於旺旺何時可以開始獲利更關心，還會提供很多市場意見給廖清圳。

所幸生產米果、販賣米果都是旺旺的專長，九三年底開始生產後，第一年就生產了二百萬箱，等於是台灣產量的二分之一！

一九九四年初到年底，旺旺上繳的稅收是一千四百萬人民幣，在當時等於三百多萬美元，於是馬上再開一條生產線，產值再增加一倍。華湘集團的王昌富副總經理特別做了一首詩給旺旺：

移師大陸為人先
攜手華湘定乾坤
芙蓉國裡奠基業
神州旺旺萬萬年

第4節
到工廠挑媳婦

走進湖南長沙的嶽麓書院，院內柏樹雄勁參天，可以感受到五百年前宋朝大儒朱熹在此講學的氣氛，中國文化播種傳承，代代生生不息。

儘管蔡衍明曾經多次帶許多日本友人來此參觀，但是每次來到書院，看見那些書法文字歷經文化大革命的洗禮仍留下深刻痕跡，深感文化力量不可磨滅。旺旺從台灣宜蘭跨海來到大陸，選擇第一站落腳的地方是湖南，企業文化在此第一次播種生根，連企業刊物《旺旺月刊》的前身《林蔭月刊》都是在湖南創刊發軔。

進軍湖南的三大原因

當初旺旺跑到中國內陸省分湖南投資設廠，而且是長沙第一家外商，許多人認為這是大膽決策，但蔡衍明其實經過深思熟慮。二十多年以後，蔡衍明提及為什麼跌破大家眼鏡，率先到湖南投資。「說要投資一千萬美元，沿海省分還不一定看在眼裡呢。」蔡衍明說。

一九九〇年代初期，鄧小平才剛剛南巡，中國仍是一個較封閉的社會，就連上海的台商也仍少。開放初期，一些全球品牌也才剛開始進入沿海省分投資，相形之下旺旺不一定突出，但是在湖南，受到的重視一定比較多，所以才決定「哪邊熱情往哪邊去」。事實上也正如蔡衍明所料，第一家台商的問題，當地是非常重視的。

第二個原因，較低的生產成本可取得更大效應。

生長在都市的蔡衍明，難道不知鄉下的基礎建設較差、交通不便？然而大城市不管是土地、人才、行銷等方面的成本都相當高，反而是大陸鄉下比較有優勢。另一方面，他看準了大陸領導人的發展決心，為了提高百姓生活水準，不計一切代價開始建設，旺旺便受惠於地方的快速進步，例如初期旺旺廠房附近都是農田，現在則已是繁榮發展的地帶了。

第三個原因，旺旺很早就確定內需市場的發展戰略。

廖清圳還記得剛在長沙發展時，外界最多的質疑在於，以當時中國內需市場而言，大家要吃的是上海巧克力，要喝的是珠江水，來自湖南長沙的旺旺產品能夠賣給誰？

但是旺旺對於自家產品的品質有相當自信，認為一定能夠贏得市場的信心和好評，不過必須未雨綢繆，耕耘市場未來發展的腹地。廖清圳指出，沿海的輻射半徑顯然沒有內地大：「湖南具有承東啟西的區位優勢，這對我們構成了強大的吸引力。」所以旺旺第一步選擇了靠近廣東的湖南長沙望城。

「鄉村包圍城市」的四大條件

在湖南設廠半年之後，旺旺又選擇了靠近上海的南京、杭州為據點，展開「鄉村包圍城市」的經營策略。不過要打「鄉村包圍城市」的戰略，從旺旺的發展模式來看，至少需要具備四項條件：

第一是完全改造人力的決心。由於鄉下不比都市，文明程度自然較低，因此旺旺的新進員工要從日常生活教起。

在禮儀教育方面，員工要養成打招呼及微笑說話的習慣。而在吃飯習慣方面，有些人直接把骨頭吐在地上，吃完的果皮也隨地亂丟，這些都要由幹部一一糾正，於是廖清圳乾脆要求員工自己清潔餐桌，大家才開始把殘渣放進餐盤裡回收。

特別是湖南人很喜歡留鬍子，因為俗話說「嘴上無毛、辦事不牢」，但是旺旺規定一律要剃掉鬍子才可以錄取。「我們希望從年輕人帶起，他們比較沒有過去大鍋飯心態！」李子榮強調。

從一九九三年開始，湖南廠每天早上都要做「旺旺操」，其實就是台灣一般學校與軍隊做的晨操；員工集合時除了要排隊，集合及解散過程中也要互相問好、行禮，養成禮節習慣。經過這樣的訓練，只要曾經在旺旺工作過，就很難適應其他沒有規範的工廠了。

漸漸地，湖南地區的其他工廠非常歡迎從旺旺離開的員工，只要是從旺旺離開的員工到其他公司應徵，不需要考試就可以錄取。甚至有人認為，旺旺女性員工的儀態舉止都比較端莊，要找媳婦從旺旺找最好！在在說明了旺旺的員工素質受到肯定，鄉村的人力也得到完全改造。

幹部的積極努力和強大的組織力

第二是能打硬仗的幹部。三十年來，旺旺的高階主管有一個特性：不管前一天忙到多晚，就算忙到凌晨兩、三點，隔一天清晨的行程絕不會因而耽誤，完全按表操課。

「我們從湖南廠開始，都是幹部來等員工，不會讓員工等幹部！」李子榮認為幹部本來就要有帶頭作用，否則外資企業和過去大陸的國營企業又有何不同？旺旺的幹部甚至一早要到大門口，向前來上班的員工問好，帶頭做好禮節習慣。

從幹部的表現，就能看出領導管理的決心。

在當時的大陸，國營企業幹部哪怕只是一名小小的課長，在辦公室裡往往是喝茶看報蹺著二郎腿，出門必定拎著一個小包，到處應酬，官僚味十足。但是在旺旺，領導幹部一定要能在第一線解決問題，而不是叫員工去解決，哪怕貴為總經理，如果來不及出貨，都會站在第一線和員工一起趕工。

例如旺旺剛開始推出旺仔牛奶時，曾經由幹部親自帶隊，到機場的出口處發放贈品，只要有人出關就發一罐；十多年前當時，在大陸坐飛機還是很少見的事，旺旺希望藉此趁機做行銷。「但更重要的是機會教育，讓員工看見旺旺從幹部開始做起，主要也是希望讓員工看到，一個企業是如何一步一步成功的，企業不是天生就有規模。」李子榮解釋。

第三項條件，是有強大的組織力。

繼晨操之後，後來旺旺湖南廠也規定，做完晨操後，每個單位合唱一首三到五分鐘的歌曲。歌曲選擇不拘，但是每一週要換一首，而且每名員工都要會唱。剛開始員工不習慣，都唱得很小聲，但是漸漸地每一個單位的歌聲愈唱愈大聲，也愈唱愈整齊了。

就是在這樣的練習過程中，旺旺幹部希望員工彼此之間養成更有默契的團隊合作精神。後來，每週更舉辦廠區活動，從壁報比賽到象棋比賽，從中秋晚會到演講比賽，由幹部擔任評審、給予獎勵；湖南廠還舉辦過口號比賽，由員工自行投稿、選擇。「我們想盡辦法增加大家的凝聚力。」李子榮指出，這有點類似台灣的「救國團式」文化，對於建立一個有效率的工廠確實發揮極大作用。

也是在大大小小的活動之中，台灣幹部發現大陸員工有許多人才，有人會唱、有人會跳，有人能寫、有人能彈，後來乾脆決定發行一本刊物，記錄工廠裡的點點滴滴、分享員工在生產線上及日常生活中的感想與心得。取名《林蔭月刊》意指小樹會變大樹，終將濃綠成蔭，廖清圳更希望湖南廠不但能生產品質一流的產品，也可以藉由合作與分享來生產「文化」！

這本《林蔭月刊》正是後來企業刊物《旺旺月刊》的前身。上海總部成立之後，蔡衍明也將刊物投稿的例子推廣到每一個廠區，讓全中國的旺旺員工有更多凝聚向心力的機會。

第五章　品質的自信

「品牌」的基礎建立於產品的品質，從原料、製造工藝與流程、品保，缺一不可。無論是上天下海尋訪最優良的稻米、細細照顧生產過程的每一個步驟、透過「由外而內」的檢驗過程建立最嚴密的品質管理，在在透露出旺旺對品質的自信。

第1節

原料的自信——尋訪「五感」之米

一望無際的東北大地上，一棟棟約五層樓高的圓桶造形穀倉撐起了蔚藍天空，這裡是旺旺主要的稻米來源。

還記得十多年前旺旺第一次到中國東北採購稻米時，採購人員造訪一家國營事業的生產基地，當地主要是找服刑的壯漢來栽種稻米，但讓人很訝異的是，土地四周完全沒有圍牆防止犯人逃跑。大陸官員解釋，沒有人可以不帶糧食走出生產稻米的東三省平原。

東北天空下的良米

這裡是世界上三大「黑土帶」之一。「東北的水稻種植雖然僅有幾十年的歷史，但是這裡的有機質含量十分豐富，使北大荒稻米口感更好！」中國科學院專家指出，此地過去是滿族的遊牧地帶，沒有遭到漢人過度開發，現在則變成具有「後發優勢」。

事實上，「東北大米」的品種和日本新潟相似，這主要拜日本帝國主義的「野心」之賜。一九三九年，日本陸軍本部在查哈陽農場制定了「大查哈陽計畫」，預定開發一百五十萬畝水稻田，將這裡建成關東軍的糧食基地，一直到一九四五年戰爭結束之前，日本開拓團的水稻專家持續不懈地引種、育種。到了一九八〇年代，東北大米的品質終於穩定下來，從外形來看，腹白心少，米色清亮透明、緊實。

「我們主要是和中國國家糧食局的下屬公司打交道。」旺旺採購處長陳建誠指出，由於大陸土地主要還是國有，旺旺每年會和大約六到七家大陸國營企業的供應商簽約，把品質規格交給國營公司。但旺旺還是持續開發新的供應商。「因為農產品的變化實在太大！」陳建誠說。

在農產品的供應商管理方面，最大的挑戰在於沒有人能夠控制地理氣候及市場價格的變化，這也是旺旺少向民間企業採購東北大米的原因。

就算找固定的供應商，第一批品種的農產品通過標準，不保證下一批就會通過；同一產地的產品合格，也不保證下一批就會合格，因為氣候變化難以控制，民間企業無法履行合約也時有所聞。

但是工廠每日都要運轉，生產線上動輒上千名工人，只能「原料等工廠」，不能「工廠等原料」，因此旺旺的採購部門必須不斷開發新鮮度、含水量、糊化度都符合標準的稻米。

日本岩塚製菓的專家指出：「秋天收成的米，在冬天的低溫下製成米果，這是最適合的！」這主要就是指稻米的「新鮮度」，有了新鮮度，才能最大限度留存稻米的水分和澱粉，使其具有鮮米的新香和營養。

旺旺使用的就是剛收割的當季「新米」，絕不使用放了兩到三年的「陳米」。

二〇〇八年，日本曾經發生所謂「毒米」事件，就是大陸商人以極低的價格購得擺了三到四年、存儲時間很長的「陳化米」，再轉賣給日本米食加工企業。

這種米其實是用來戰備貯存之用，等到過了三、五年或是一定的時間，只能作為提煉酒精之用，不再適合人類食用。但黑心商人用「沖洗、漂白、打蠟、拋光」的加工流程處理陳米，再賣到日本，讓一向以品質精良著稱的日本米果業蒙受極大打擊。而旺旺由於規模夠大、自己從原產地採購稻米，才能保證米果的新鮮度。

打開「五感」，挑選好米

新鮮度高、質量好的稻米，顆粒自然飽滿，這是製作米果的重要起點。

早期旺旺採購稻米的時候，會先派人在產地監督，做到初步的水分控制，而主要的監控流程是在「曝曬」部分。

稻穀收成之後，主要有兩種乾燥方式，一是天然的曬乾法，一是烘乾法。如果採用天然曬乾的方式，像早期台灣一樣，大片大片的金黃稻穀直接曝曬在曬穀場上，就要注意汙染問題，包括空氣的汙染、地上雜質和細菌微生物的汙染；如果採用機械烘乾的方式，則要注意底層會不會過乾、甚至烤焦。

而在糊化度方面，中國科學院東北地理與農業生態研究所的研究員指出，粳米（俗稱蓬萊米）的澱粉形態主要是「支鏈澱粉」，約占百分之八十，含量比秈米（俗稱在來米）的百分之七十五高，而支鏈澱粉富於黏性，蒸煮後能完全糊化成黏稠的糊狀，因此米飯表面有光澤，嚼起來口齒餘香，甚至不配菜、直接吃都很好吃。

日本最好的新潟縣產「越光米」，內含的支鏈澱粉一般占百分之八十以上，而東北大米也有約百分之七十七到七十八，都是在低溫條件下慢慢地結實成熟；東北大米比南方產粳米口感好，也是因為東北地區晝夜溫差很大，適合粳米的生長。

每一批送進旺旺工廠的稻米，都會先取出一部分煮成一鍋飯，以這一鍋飯作為大量生產米果之前的觀測樣本。

簡單地說，就是生產人員先針對這一鍋飯進行米質分析，填寫「檢測表」，用來擬定製造生產的對策。農產品的狀況和工業產品規格的「劃一性」完全不同，所以即使是同一品種、同一產地、同一季節，每一批米都會先煮一鍋飯來觀察分析，而這種「實質檢測」與經驗息息相關。

首先，要用「視覺」來觀察這一鍋大米煮出來的色澤、形狀及透明度，便可初步了解米的質地狀況，如果米粒還很完整，水分就要添加多一些。

其次是用「嗅覺」來感受大米香氣，馬上可以了解米的新鮮度，及稻米生長過程的氣候狀況。

再者，用手感的「觸覺」直接抓出大米的黏度，觀察把米捏成飯糰時，米粒與米粒之間的黏合度如何，藉此對米粒的糊化程度有初步了解。

最後，再用舌頭的「味覺」來感受大米的甜度、硬度、黏度等，讓米粒的清甜停留在口腔中半晌，再把感覺的等級填寫在檢測表上。

有了這份大米的「檢測表」，生產線人員就可以判斷，要浸泡這一批大米，需用何種溫度的水、需要浸水多久時間、用多少水。

光聽米果折斷的聲音就可得知含水量

所以有人形容，「溫度、溼度、水分及原料」是影響米果的四項關鍵指標。光是前三項就可能有極大的變化，以溫度為例，大陸南方的高溫可達四十度，而東北哈爾濱工廠的低溫可低到零下三十度，來回相差七十度，等於是七十種變化單位。

至於溼度，南方的溼度可達百分之九十、北方可低到百分之三十，這又是六十度的變化差距；再加上水分含量差異在四度上下，誠如媒體形容，所有的變化若以「溫度」乘「溼度」再乘以「水分」，就有一萬六千八百種的組合變化。

但是這上萬種變化，都還不及「感覺」的微妙。檢測表只是協助分析大米狀態的工具，但是對許多旺旺人來說，他們對於大米狀態的了解，就像了解自己的「生理狀況」一般，從大米浸泡在水裡的那一剎那，到敏感地把視覺、觸覺、味覺、嗅覺等各種感覺打開，最後還有「聽覺」，例如把米果送進烤箱之前，他們可以從「生地」（米果烘烤前的狀態）折斷的聲音了解大米的狀況。「我光聽聲音就知道水分有多少了！」呂熾煜說。

這正是日本人說的「五感」，讓白米變成米果的過程充滿了感性。不過，這只是上千萬個感性過程的一開始而已。

第2節

工藝的自信——冬天幫米果蓋棉被

東北大米運到南方的工廠，存在交通方面的風險，於是旺旺繼續在工廠附近三百公里的區域內積極開發米源。

旺旺進軍大陸的前五年，總經理廖清圳幾乎都在找米，開發出不同的米源。旺旺的第一個湖南廠處於「魚米之鄉」的兩湖地帶，所謂「洞庭熟，天下足」，照理說稻米的供應不虞缺乏，但是湖南稻米的品種與品質無法符合製作米果的要求，主要因為湖南稻米受品種、氣候、土壤等因素影響，顆粒比較小，且澱粉的鏈結方式不同，煮起來就是和東北大米不同，一直無法達到品管人員的需要。

從品種、種植、氣候及水文等條件來看，日本兩百家米果公司是在北緯三十到八十度之間製作米果，旺旺卻在北緯三十到五十度之間、東經八十到一百二十度之間的中國廣大土地上製造米果，必須比日本企業嘗試更多種製程、更多的配方比例，才可能做到品質均一。

廖清圳不但跑遍了整個湖南省，希望發掘更多稻米的種植地，最後更在浙江、江蘇一帶建立了稻米供應地，期望以不同的配方來克服地域上的限制，這種因土地廣大造成的挑戰，正是旺旺日後能以「世界米龍」自居的必要過程。

為「米布」細細蓋被子

經過對一鍋米飯的初步分析之後，開始要浸泡稻米了。

一般的天候通常是用清水浸泡幾個小時，而且必須是流動的活水；水的酸鹼度也很重要，旺旺曾因水質的問題而影響產品品質，他們寧可將產品完全報廢掉，重新投資設置「水處理設備」，調整當地水質，以符合產品需要。

幾個小時之後，每一粒浸泡過的米，小心翼翼地經由「半溼管」送往研磨機。所謂「半溼管」，是用水流來輸送大米的管路，而不是用空氣氣壓來輸送，因為經過活水浸了幾小時的米粒一握就碎，如果用氣壓輸送很容易阻塞；另一方面，用水流來輸送比較容易保存澱粉鏈結結構，不易馬上被破壞。

浸過的米經過三次研磨，變成顆粒直徑不到十分之一釐米的米粉，而且要做愈精緻的米果，米粉就要磨得愈細愈好，主要是因為愈細的米粉可以膨發得更好，烘烤成米果之後，裡面的空氣孔很細密，吃起來口感更為酥脆、綿密。

而磨好之後的米粉則放進大鍋爐，進入「蒸煉」的程序。這階段主要控制熟成溫度和蒸煉時間，讓米粉變成米糰。成為米糰後，加入溫水揉搓，則是稱為「捏揉」的程序，這時米粉變得像一大團麻糬，再經由機器壓成像一塊布。

這一塊厚厚的「米布」必須保持一定的溼度和溫度，表面太過乾燥會讓表皮過硬、水分鎖在米糰內，因此要一直灑水來保持表面的溼潤。接著進行過磅，再將這塊布壓印成米果的形狀，這時候有經驗的生產人員要先把「米布」拉開、感覺黏度，他們憑感覺就知道捏揉和蒸煉的程序做得如何。

細細乾燥出泛著白玉微光的「生地」

米布完成，用模具印成一塊一塊的米果形狀，就準備進入流動層乾燥機（fluidized-bed dryer, FBD）了。通常一部流動層乾燥機長達一百公尺、高五公尺，裡面有十層輸送帶，讓胚體逐漸乾燥；每一片米果都要在流動層乾燥機裡停留長達三點五個小時，走完一公里的乾燥流程。

米果在流動層乾燥機裡進行「水分平衡作業」，讓水分逐漸降低，讓麻糬般柔軟的米布，成為一片一片泛著白玉微光、含水量不到百分之二十的乾燥片，即所謂的「生地」。

而從一粒粒白米到一片片「生地」，大約已過了五小時。

流動層乾燥機雖然能將生地所含的水分逐漸去掉，卻無法讓每片生地乾燥後的水分保持得很均勻；

生地必須經過適當的乾燥，使米果的表面層和中間的水分含量達到平衡，才能膨脹得更漂亮。

問題是，這個過程無法用機器來完成，因為表面如果乾太快，中心的水分就出不去了，結果在表面結成厚厚一層皮，生地中心還很溼。所以必須讓生地自然乾燥，才能達到水分的平衡，時間大約是八小時。也因此，米果師父總是強調，生地一定要經過一天的「睡眠」，才能讓水分達到自然平衡。

有趣的是，生地在「睡眠」時，溫度的變化會影響表皮和中心的乾燥程度，所以師父們總說生地仍有「活性」。如果溫度太低，則乾燥程度不夠；如果溫度太高、乾燥太快，則表皮仍會結硬皮，中心的水分跑不出來。

至此，從大米到初步乾燥的「生地」，第一段工程正式結束，第二段工程準備起跑。基本上白米送入研磨機器之後，一直到成品出廠，需要經過三段主要的工序，也就是所謂的第一工程、第二工程和第三工程。完成這三個工程共需三天的時間，白米才會成為香脆的米果。

第3節

流程的自信——用桔色的火焰燃燒

凌晨兩點，摸黑把米果廠的大門打開，廠房內的一盞盞燈光亮起。最早到的員工把整個工廠的瓦斯開關打開，這時瓦斯管線震動的聲音開始嘎嘎作響，迴盪在黑夜中的廠房之內。

現任事業群主管林南山，還記得當時半夜摸黑到工廠開蒸氣和瓦斯的經驗，那是他負責「第二工程」時的必修一課。隆隆聲響的來源是殘留在管線中的水分，遇到高熱之後快速蒸發而產生共鳴聲。

不讓生地「感冒」了

以工程的每日流程安排來說，大約是隔天清晨兩、三點左右進入工廠，將睡了八小時的「生地」放入「八角形乾燥機」，進行第二次乾燥。

乾燥機做成八角形，有八個洞口區，主要是希望在最短的時間內，讓各個角度的生地都能乾燥，於是日本工程師將之設定成「八個洞口區」的旋轉方式，為「第二工程」揭開了序幕。

值早班的第二工程人員，大概每四十分鐘就要往八角形乾燥機倒入一批生地，等到把前一天生產的「生地」全部做完二次乾燥，大概已經天亮了，工廠陸續有其他機器啟動，下一段製程「燒上」的員工也開始就位。

第二工程最需小心的，就是這種不同製程交接班的過程。這段期間，「生地」從八角形乾燥機移到「燒上爐」，溫溼度的保持特別重要。

經過乾燥機之後，如果溫度太低，一定「燒上」不起來；而如果水分太多、溼度太大，同樣也無法膨脹，所以從八角形乾燥機送出來的生地，在送入燒上爐之前，必須堆放在木箱中，而生地在這段時間最容易「感冒」，細心的師父會在生地「睡眠」時細心照顧，工廠的室內溫度控制及門窗通風都很重要，有時門沒關好，一陣風吹來，生地就「感冒」了！

「如果溫度太低，要注意幫生地蓋棉被。」廖清圳巡廠時，常會這樣交代作業員，在放生地的大桶子上加蓋棉布，保持生地的溫度。

這時候，燒上爐的燃燒器依照規定的方法開足火力，等待將生地推上火線。

通常「燒上區」都用鐵皮隔成一個狹長的空間，技術人員必須縮著身體才能走進燒上區，觀察「生地」在火焰上的變化情形。簡單的說，「燒上」就是將「生地」烘焙成「米果」的階段，其間甚至可以細分成三段。「你仔細觀察，這三段光是火焰的顏色就不一樣！」廖清圳經常如是提醒米果第二工程的生產人員。

第一段是用火焰將整個「生地」燒烤至軟化，稱為「預熱段」。這一階段的焰火是藍色及黃色，讓生地的質地開始產生變化，大約需用掉三十秒的時間。此時整個生地已「蓄勢待發」，準備送入第二段的「膨發區」。

此段的火力滋滋作響，是整個燒上區最強的，火焰已呈現桔色。生地在這裡通過火焰上緣，即溫度最高之處，大約可以到達一百八十度左右，這時生地吸收了火焰的熱量，瞬間體積變大三倍，厚度變成兩倍，變成了「米果」。

由於這是一瞬間的過程，將「生地」變成「米果」的過程只有幾秒鐘，不但溫度要高，火力也要夠強，所以最怕火焰燃燒不完全。如果火焰沒有完全燒成亮桔色，已淬鍊兩天的米果就無法順利膨脹，導致前功盡棄。

「燃燒不完全，主要原因可能有三：溫度設定不準，風跑進來了，或是瓦斯量不夠。」林焰火解釋，這便是工廠要通風的原因，但又不能影響溫度；不同季節來臨時，「燒上」設定的溫度也不同。

第三段則以紅色火焰為主，主要是將烙痕的顏色燒出來，也是為米果「著色」的製程。

剛剛膨脹起來的白色米果，再一次經過火焰的淬鍊，表皮變成誘人的金黃色，可以看見「火紋」的痕跡。這時，米果的表面會出現細緻的裂紋。「就像地震之後，土地裂開來；或是田地沒有水，土壤龜裂一樣。」林焰火說，工程師可以從米果表面裂痕的方向，判斷火力及生地的品質。

第二工程的最後一關，則是「味付」的階段，也就是為產品進行調味。

調味料主要有三種，一是醬油粉，二是調味粉，三是調味油。為了追求和日本一樣的口感和品質，旺旺一開始就不惜成本，從日本進口原料，包括和日本米果一模一樣的醬油粉及各種油料，在米果還溫熱時，直接灑上調味料、調味粉及調味油。

但是難就難在，所有的調味料都要適當地塗在每日產出的幾百萬片米果上，一旦塗多了粉和油，不但成本增加，口感也不好。如果調味粉塗太多，整個米果吃起來會澀澀的；如果油附著太多，吃起來香脆感就會受影響。

試吃時，嘴巴一定要閉上！

每一天起床後，工廠的幹部們習慣到生產線上四處看一看，不管到了哪一個製程，都用「五感」來了解產品的狀況，以便隨時測試和調整。「我們每天都會吃米果，吃了二十九年，我覺得米果仍有不同的變化。」林焰火說，米果是活的！

機器自動化生產所設定的參數，始終無法取代無數晨昏的經驗值，所以米果一直無法完全用機器做大量生產，這也是許多日本大企業不願生產米果，或是每次大規模投入反而無法控制品質的原因。

至於旺旺，雖然向來勇往直前開疆拓土、在大陸大江南北不同地方累積了許多生產經驗，但是在大陸每一個總廠區，早期仍配置兩名日籍技術顧問，協助米果生產與品質監督，主要目的就是提醒旺旺員工，對於品質的專注是非常重要的，同時也能與日本方面保持技術上的合作關係。

「連我有一次都被日本顧問修理呢！」廖清圳回憶，曾派駐在旺旺大陸工廠的顧問小野塚勝，有一次在晚餐之後突然叫住他：「廖桑，你今天晚餐吃了幾碗飯？」廖清圳回答：「我晚餐吃了兩碗飯，今天處理很多事，精力都用盡了，當然要補回來！」

沒想到小野塚勝回答：「廖桑，你今天工作不努力。」這句話讓廖清圳嚇了一跳，他才剛換下全身汗水溼透的工作服，日籍顧問竟然嫌他不努力。

小野塚勝沒等他反駁就進一步解釋，按照管理者的標準流程，每一個步驟的視察都要親自試吃一番，不管是在米糰階段、半成品還是味付的階段都一樣，通常一個下午等於吃了至少一碗飯的分量，所以即使很累，肚子應該是半飽的。

「所以，廖桑，你要不是偷懶，就是檢查管理的方式不對，不能只靠看和聞，也不能只問屬下狀況如何，米果這種東西，一定要自己試吃才行！」小野塚勝這一番話聽在耳際，讓廖清圳充分了解日本技師對於管理的堅持。

派駐工廠的日本技術人員還有許多敬業的好例子，例如生產過程中遇到機械故障，如果沒有修好，絕不會放下手邊的工作去吃飯，不像中國人一到了吃飯時間，工具和文件一攤就走了，正所謂「吃飯皇帝大」。

此外像是吃米果的咀嚼方式，日本顧問很堅持嘴巴一定要闔上，這樣才能充分咀嚼米果的香脆。這林林總總的小細節加起來，成就了旺旺米果如同日本產品的高品質與美味。

第4節

品保的自信——由外而內的概念

按照蔡衍明的概念，所謂的「品質」，其實是「由外而內」的檢驗過程。

「這是因為，品質的認定不是由生產者自己說有多好就有多好，而是要靠顧客來認定。」曾任生產總處長、現任集團技術長的林鎮世解釋，消費者對於品質很滿意，產品才賣得出去，而消費者在食用產品之前，首先接觸的就是外在包裝。

「如果連包裝都做不好了，顧客根本對裡面的產品品質沒有信心，甚至連嚐都不敢嚐吧！」林鎮世一針見血地說。

所以從「外」開始，也就是從包裝開始，就要讓消費者覺得很堅固、很安全，但是又很容易打開，讓消費者容易食用，而這種從包裝到製出最後成品的過程，正是「第三工程」的重點。

追求高品質管理的決心

第三工程，主要就是指包裝和出貨。別小看這個過程，早期的米果損壞率高達百分之二十以上！花了三天辛苦烘焙的米果，最後毀於一旦。

從宜蘭食品時代就負責「第三工程」的李子榮指出，當時製造米果的機器還沒進步到全自動化，技術面較不成熟，依賴人工的比例仍偏高，加上米果製程條件複雜，尺寸定型不易，失敗率相當高。經過多年的研發、訓練等各項努力，目前在技術面已成熟，加上各種機械的改造及引進，損壞率已由原來的百分之二十降至百分之零點二到零點三了。包裝材質的厚薄、封口緊密度的好壞、室內的溼度與溫度，在在影響產品包裝後的壽命。

李子榮指出，最好吃的米果要在三個月內食用完畢，因為在這三個月內，空氣中的溼氣會慢慢滲入產品內部，影響到產品的品質。

其實，與其說三大工程的數百道工法都會影響到產品的品質，不如說「人員的品質」決定了一切，這一點也是早期日本顧問最重視的。所以旺旺工廠一開始便引進了「５Ｓ」概念，也就是「整理」、「整頓」、「清潔」、「清掃」及「教養」的觀念。

「基本上，旺旺在這個階段採用軍事管理。」李子榮指出，從工作人員的服裝儀容到應對進退要求，一切都按照規定來。

等到旺旺的廠房都能用「５Ｓ」概念來管理後，又再進一步深入引用「豐田式管理」來提升員工素質，也就是設立小組長制度，彼此分享生產及安全管理的經驗。經過一連串管理方面的提升，大約在一九九五年旺旺產品陸續上市之前，所有工廠都已有基本的管理觀念了。

在食品業界，旺旺在中國大陸自我提升的生產能力令人矚目，也漸漸開始受到外國大品牌的重視。

透過代工，建立更先進的生產觀念

一九九八年，全球最大飲料品牌之一「立頓奶茶」想要在中國快速成長，首先必須找到代工夥伴供應港澳市場，便找上地處內陸的旺旺湖南廠。

當時的湖南廠連自己出貨都來不及，如何能為別人代工生產？但是廖清圳的盤算是這樣的：工廠外還有一塊空地，正好可以搭建一條生產線承接這一項業務；此外，旺旺工廠的人員素質已有一定的基礎，接受這項挑戰應該沒有問題，更重要的是可以了解自己的生產水準和國際水準相差多少，同時引進外商更先進的觀念來提升自己。

所謂「更先進」的觀念，指的是國際標準組織制定的「ISO 9001」，這是規範品質管理系統的最基本要求；另一項，則是食品衛生管理作業規範所要求的「危害分析重要管制點」（Hazard Analysis and Critical Control Point, HACCP）。廖清圳希望透過食品業的品質建立過程，能和台灣出口代工導向的電子公司一樣，經由客戶的要求而快速提升品質管理。

以食品業為例，ＩＳＯ認證主要落實於三個階段：第一階段是每一批進來的農產品及庫存做到適當的保管和分類，各種食材都根據不同特性做到分類處理及儲存。

第二階段，整個廠房都進行「顏色管理」，不同食材、不同區域、不同人員、不同階段，都用不同的顏色來表示，整個廠房生產線因為「顏色」而一目了然。

實務操作使用顏色輔助管理之後，第三階段則是流程安排方面展開「表單管理」，也就是從表單就可以了解整個作業狀況，不需要每一階段都確認，讓經理人面對大規模生產能夠展現更大的效率。

整個ＩＳＯ認證的準備，旺旺的品管人員花了半年時間就完成，這讓立頓的生產人員相當驚訝。「這是拜我們的日式紀律之賜吧！」李子榮說。

「品質」是用心製造出來的

透過ＩＳＯ和ＨＡＣＣＰ，旺旺建立了現代化生產管理能力，因此日後進入品質要求更高的乳品飲料管理時，有了更強的基礎。

「主要因為牛乳等飲料多了微生物及細菌等檢測。」負責乳品開發的林鎮世指出，烘焙類產品的含水量較低，約占百分之七，而水分含量高的液體產品，特別是牛奶，由於營養含量高，遇上外在環境變化會比較容易變質。多虧了旺旺過去數十年來持續強化的品質體系，使得乳品開發與生產沒有碰上太大的問題。

在食品業界，品質管理強調的是危害分析重要管制點的控制，此即「ＨＡＣＣＰ」要求的重點。從食品廠房的規劃開始就有很多細節要注意，例如廠房的牆面和地面相交的角度要做成「圓角」，以便打掃並防止藏汙納垢；另外，廠房天花板也要做成有斜度，讓熱氣升上去變成的冷凝水能夠在一定範圍內滴下來，不致滴在食品上。

「品質，是製造出來的！」林鎮世指出，從品質管制（品管，ＱＣ）、品質保證（品保，ＱＡ），一直做到全面品質管制（ＴＱＣ）、全面品質保證（ＴＱＡ）、全面品質管理（ＴＱＭ），全部人員都要參與，從生產線人員到銷售人員都要對產品品質有所警覺。

即使產品出廠之後，品管人員都還會拿製成品再做評比。以同一生產線的同一種產品為例，會拿出不同日期的產品來做比較；同理，同一日期所生產的產品，也會用不同工廠的生產線來做比較，只要彼此有差異，就必須找出原因。同一規格產品的品質標準差愈小，正代表生產技術愈強，這是旺旺工廠致力達成的重要目標。

第六章　行銷的自信

從進入大陸市場開始，旺旺採取的都是前所未有、震動市場的驚人策略，包括以大規模試吃建立消費者忠誠度、先發動廣告轟炸奠定產品印象、堅持款到才發貨的策略，更以中低價副產品一舉殲滅所有競爭者，充分展現行銷的自信。

第1節

堅持款到發貨的原則

一九九三年三月，四川成都，人民廣場旁參天松柏春意盎然。從全中國各地來的食品經銷商擠滿了市中心的飯店和餐廳，準備參加國營糖煙酒公司舉辦的「商品交易會」，其中也包括了前來大陸「探路」的旺旺集團。

那一年，湖南廠開工在即，旺旺也展開市場布局。「交易會」是大陸常見的國內工商交易形式，主要是中國城市太大也太多，採購單位不可能一一拜訪各個公司，而許多公司也不可能逐一城市去介紹推廣自己的產品，所以最有效的辦法是參加大型的全國交易會。

第一次參加商品交易會

「糖煙酒公司」舉辦的交易會每年舉行兩次，一般是春季在四川的成都，秋季則在河南的鄭州舉行。四川是農產大省，其中成都是大陸地理的中心點，來自全國各地的公司準備採購明年的食品清單。

「當時的中國根本沒有給青少年吃的休閒食品。」廖清圳回憶，在九〇年代初期，中國的休閒食品產業還在草創階段，當然沒有任何類似「米果」的產品，即使糕餅類也非常稀少，市場有待填補的空間極大。

也因如此，米果產品的「特色」很容易突顯出來。這種香脆的滋味在中國前所未有，來自各地的採購人員品嚐了旺旺的產品，所有人讚不絕口，對這項產品的口味嘖嘖稱奇，於是訂單非常踴躍，最後結算高達二十多萬箱，等於四十英尺長的大貨櫃裝一千箱米果，要裝滿兩百個貨櫃！

這樣受歡迎的程度，讓旺旺更加信心滿滿。不過，湖南長沙廠於一九九二年七月簽約、一九九三年三月天氣暖和之後才開始建廠，還無法供應這次糖煙酒交易會的訂單，於是決定從台灣進口米果。

為了這兩百個貨櫃，台灣工廠連夜加班，硬是把貨趕了出來，又訂了內地的火車「車皮」（貨櫃車），把米果從香港分別送到上海、北京、長沙等地的預定發貨中心。沒想到貨送到後，通知簽約下單的經銷商來取貨，來取貨的竟然不到兩成！

儘管交易會時米果很「火熱」（受歡迎），但大陸經銷商不願取貨的原因主要有二：

第一點，當時的經銷通路主要屬於國營體系，要經銷哪一些產品，主要是看相關「領導」如何分配決定，而不是看市場有哪些需要。許多參加糖煙酒交易會的經銷商其實自己不是老闆，即使當場決定向旺旺下訂單，還是要把樣品帶回公司，讓坐在公司裡的上層領導批核才會通過，所以這樣的「訂單」不一定確實。

第二點，也是最重要的一點，旺旺堅持前來提貨的經銷商要「一手交貨，一手付錢」，如果產品要用寄的，甚至必須「款到發貨」。這對許多大陸經銷商來說簡直不可思議，他們願意幫你把商品擺出去賣就不錯了，你竟然要求產品還沒有賣出去就先要付錢，這至少讓一半的經銷商為之卻步，不願履約。

在當時，大陸對於商業合同的保護還不夠完善，剩下一百五十個貨櫃該怎麼辦？旺旺面對這樣的情況，與其控告這些簽了約的經銷商，不如專心想一想，有沒有方法可以把這些米果賣掉？

大規模試吃奠定產品印象

經過兩個多月的努力後，從台灣進口的米果勉強賣掉了三十個貨櫃，但是隨著產品最佳保存期限即將來臨，主要只剩下兩個選擇：一是用更低的價格、更讓步的條件，將產品傾銷給經銷商，以求降低損失、至少回收一些現金；二是將產品全部銷毀，維持市場價格和品牌形象。

然而前者會留下後遺症，即如果動不動就進行殺價倒貨策略，大陸的經銷商會認為旺旺的產品價格很容易調整，而且一旦市場價格混亂，消費者就無所適從，這對長期經營品牌有不利影響。

如果選擇第二種做法，也就是將貨品完全銷毀，維持市場價格及品牌形象，以旺旺當時的規模而言，這麼多個貨櫃好不容易運到了大陸，卻還是送進銷毀爐，不但損失慘重，而且是「雙重浪費」。

於是蔡衍明當機立斷，走出第三條路：在米果口感最好的六個月內，把產品送到各地中小學，給學生們試吃！

為什麼要送到學校去？主要因為年輕學生族群是最能接受新口味的一群消費者，但是學生平時並沒有太多「可支配」的金錢，能夠接觸到米果的機會並不高。如果能贈送米果給所有中小學生人手一包、免費試吃，雖然表面看來是沒有金錢可回收的損失，但是市場機會就開始拓寬了。

這五、六十個貨櫃的大手筆試吃活動，可能是中國市場開放以來最大規模的「免費試吃」，北至東北瀋陽、北京，東至上海、南京、杭州等地，南則以廣州為主。

就是這一步，讓旺旺占住了「無形的市占率」，因為學生一吃就覺得這個產品口味很棒、前所未有，但是市場上卻買不到，等到偶然間看見電視廣告，期望的心情就更加強烈。

而且經過實際的試吃，產品等於直接建立了「口碑」。旺旺業務主管林鳳儀指出，這就是食品產業最大的特色之一：「嘴巴一旦吃到好的口味，以後就吃不下其他不好的口味了！」

也因為市面上還沒有同類產品，一吃過旺旺仙貝之後，消費者甚至認定「旺旺仙貝」的口味就是「米果」的口味，「米果」的口味又可與「仙貝」的口味畫上等號，消費者日後若吃到其他品牌的米果，就會認為那不是「正宗」的米果口味！

堅持「款到發貨」影響深遠

從試吃的結果可以再一次確認，米果的市場確實大有可為。但是蔡衍明認為，「堅持款到發貨」、經銷商先付款才能發貨這一立場若能確定，才可能在大陸一步一步紮實發展。

一名大陸幹部回憶，當時有一家生意很好的飲料公司，品牌叫做「椰樹椰奶」，來自海南島，由於椰子風味特別，很快就風行大陸，但這卻也是災難的開始，原因就是先鋪貨、後結算貨款，結果賣得愈好，被經銷商倒的債也愈多，平均一年下來，收不回來的貨款高達二千萬人民幣，相當於一億台幣！

「與其這樣，乾脆把這二千萬人民幣拿去打廣告算了！」一名主管這樣比喻，在經銷體系無法有效率收帳的情況下，「款到發貨」的經銷方式雖然保守，但繼而利用廣告來動員消費者、進一步快速建立品牌形象，這樣反而更有利於產品行銷。

一旦透過口味建立了實際的口碑，再來就要建立知名度了。事實上，蔡衍明不但不怕打廣告，這更是他最擅長的策略之一，把在台灣拍過數百支廣告的經驗快速複製到大陸。「我們第一年只花一千萬人民幣在全中國打廣告，整個市場就打得火熱！」廖清圳回憶。

此外，他們也從這次經驗發現，大陸經銷商根本「不缺現金」！改革開放之後，一些地方上的中小企業個體戶開始活躍起來，只要市場上暢銷的東西，大陸經銷商都願意用現金交易，而且進一步爭取獨賣的經銷權。由於先前的試吃策略打下成功基礎，米果事業部總經理廖清圳清楚記得，一九九四年一月十四日，湖南米果廠順利投產的那一天，門口已有經銷商抱著現金排隊準備前來領貨。

「市場一旦開始動起來，我們就好做了！」廖清圳指出，只要某種產品能賺錢，大陸的個體戶小賣店會很主動，自己去找經銷商，經銷商也主動跑來找旺旺，而且十分願意「款到發貨」。不只如此，旺旺的行銷人員發覺大陸市場跟風很盛，只要「一個地方有動靜，其他市場馬上就會跟著動起來！」

因此，旺旺的「試吃策略」等於奠定了未來「款到發貨」的原則，影響極為深遠。

第2節

以廣告發動密集轟炸

一九八九年天安門事件發生時，全球都在注意中共如何處理人權問題。當時在廣場上，一列戰車開過，有一名抗議人士擋在馬路中央，讓戰車左右為難。

這個畫面由美國有線電視新聞網（CNN）傳到世界各地後引起了震撼，鐵騎和人身形成強烈對比，一時間中共被媒體形容成劊子手，許多跨國大企業也紛紛撤出動亂的中國。但是，蔡衍明卻從這個畫面嗅出「商機」。

首先，蔡衍明認為，從戰車駕駛的反應可以得知，中共軍隊並沒有毫無人性地一路輾過，所以真實場面也許不如外界報導那麼失控、難以收拾。

再者，一個老百姓敢到天安門對抗戰車，可見得人民的想法和做法已經日益開放，這不是如同北韓等國家的人民會有的舉措。

最後，由於這個聳動的新聞畫面讓西方企業停下腳步，也就成為旺旺加速西進的好時機，容易突顯出旺旺的投資誠意。所以在一九八九年之前，旺旺其實還沒有進入中國，一直在觀望，到了八九年之後，蔡衍明反而決定大舉加碼中國。

率先發動廣告戰攻入市場

事實上，旺旺進軍中國的第一步，並不是直接投資，反倒是先透過廣告「主動出擊」。「當時我們一群人擠在廣州的花園酒店房間，興奮地等待我們第一支在中國製作、播放的旺旺廣告！」當時是一九九〇年，老一輩的主管還清楚記得二十多年前的往事。

當時大陸剛開放，有許多台灣連續劇開始在大陸播放，其中有些是旺旺在台灣贊助的連續劇，於是早在一九八六年，台灣連續劇剛開始「登陸」時，也把旺旺的廣告一起帶過去，讓旺旺成為第一批在大陸打廣告的品牌。見此良機，旺旺先在大陸註冊，成為第一家在大陸註冊的台商品牌！不只如此，旺旺進軍大陸之前，一九八四年更先到香港註冊商標，因為蔡衍明看準了香港是重要的前哨站。於是，旺旺在香港也打出廣告，很快就成為當地的重要品牌。

有趣的是，那時候旺旺的產品根本還沒有在大陸上市。這一步看似大膽，但是「無招其實更甚有招」；電視廣告也一樣，意外成為早期的旺旺能夠迅速打開大陸市場、做到「款到發貨」的重要關鍵。關於這點有個重要的背景，早在九〇年代初期，大陸的休閒娛樂活動並不多，一般人最主要的休閒活動就是看電視。而當時大陸的電視台頻道不多，頻道愈少，廣告的效果也愈好。

更重要的是，大陸從「計畫經濟」轉為「市場經濟」過程中，消費性產品（特別是一般年輕人吃的休閒食品）幾乎很少有廣告，旺旺的營銷主管就指出：「在一九九〇年代，大陸業者幾乎不重視行銷，也不會花錢去做廣告。」

就算做了廣告，也是非常「教條式」的，而且很刻板，一點都不吸引人。於是，旺旺把台灣這種活潑生動的廣告帶進大陸，特別能引起消費者注意，廣告效果特別好。廖清圳指出，旺旺當年就是掌握這樣優勢大量做廣告，等到產品投產之後，更是發動密集的廣告轟炸。

這也是旺旺能一直堅持「款到發貨」的另一關鍵。誠如上一節所言，中國這麼大，如果放帳做生意，生意愈大就死得愈快，於是旺旺自行出動「廣告轟炸機」：要攻占一個新市場，就要先打廣告；經銷商誰先付錢，就先供貨給誰。

廣告要能抓住產品特色

旺旺產品上市後快速成長，確實和廣告的大量播送密不可分。對旺旺來說，廣告是一門融合理念及經驗的學問，重點分成兩大部分：什麼是符合旺旺「產品特色」的好廣告？如何在最經濟的情況下播放廣告？

如果問蔡衍明為什麼可以成功做到「款到發貨」，他一定不假思索地說：「產品一定要有特色！」產品有特色，才能讓行銷人員著手表現特色、讓廣告人充分發揮其創意，開始執行市場行銷。

一項食品要如何在廣告中展現出特色？蔡衍明很早就注意到這樣的問題。像旺旺這樣的米果產品，要用什麼樣的嘴唇、什麼樣的嘴巴，才能表現出食品的特色？

對食品產業來說，要找到好的「代言人」並不容易。有些人迷信偶像巨星，蔡衍明並不認同這樣的做法，因為花錢請大明星拍廣告，「觀眾反而是被閃亮的明星所吸引」，搶掉了產品的風采，那豈不是花錢幫明星做廣告？

由蔡衍明看來，早期以一曲〈恰似你的溫柔〉紅透半邊天的歌手蔡琴，令他欣賞的不是她醇厚的低音，而是她豐厚性感之唇，由她來拍廣告，可以讓人對食物的滋味有更多的聯想。於是，旺旺仙貝的第一支廣告就是請來蔡琴擔任廣告明星，用蔡琴性感的大嘴來訴求仙貝的香脆特色。

由此可看出，旺旺很注重視覺方面的「特色」，想要充分呈現動態的效果，這種效果正是旺旺一再運用電視廣告行銷產品的原因之一；旺旺向來不做雜誌及報紙等平面廣告，他們認為電視所呈現的產品特性最有效果。

在大陸，全國性的電視台有「中央電視台」等數十個頻道，此外各省有各省的電視台、各縣也有各縣的電視台，各有自己的訊號範圍和廣告價位。於是旺旺根據產品的特性，選擇適當的時段播出廣告，背後當然經過一連串的策略定位和分析；而旺旺有三百多種品項和產品，因此快速地累積很多經驗，能夠更精確地把錢花在刀口上。

廣告銀彈的轟炸竅門

旺旺在一九九三年產品上市半年前，就花了一千萬人民幣的廣告費，不過第一年也創下二億五千萬人民幣的營業額，這說明了蔡衍明的「廣告銀彈」絕對彈無虛發。他常告誡行銷團隊：「多花一塊錢做廣告，就是少賺一塊錢。」蔡衍明說，廣告一定要做到「轟炸機」般的效果，才能夠鏟除厚重的阻礙，而他的轟炸竅門有三。

首先，是掌握關鍵時機。

旺旺播放廣告、進行「轟炸」，主要掌握了三種時機：一是新近推出產品；二是維持市場地位；三是季節性相關產品，例如夏天推出碎碎冰廣告、春節時猛打適合送禮的「大禮包」廣告等，以便快速增加銷售額。

其次，是選擇適合時段。

「我們不會認為收視率高的節目就是好的節目，有時反而以一般人認為的冷門時段作為經營重點。」旺旺採購處兼廣告宣傳處處長陳建誠指出，有些產品主要訴求家庭食品的購買決定者，像是家中的母親，她們不一定會在晚間新聞等熱門時段看電視，那時她們可能正忙於晚餐及家事，因此所謂的「熱門時段」反而不適合播這類產品的廣告。

再者，是抓緊成長共鳴。

旺旺的廣告最大的特點之一，就是能抓住消費者的生活情境，讓人覺得感同身受、深入人心。只要溝通的重點對了，做出讓消費者一再回味的畫面、一再傳誦的廣告詞，會比買下再多的時段還有意義，這也是實際的「轟炸策略」之後讓觀眾產生共鳴的「經濟效應」。

事實上，從旺旺財報上的廣告支出來看，二〇〇四年是一千九百八十三萬美元、二〇〇五年是二千零二十三萬、二〇〇六年是二千一百零六萬、二〇〇七年成長到二千二百零一萬美元，大約是七億台幣，看起來相當驚人，然而相較於三百億台幣的營運銷售總額，廣告費用分別只占當年營銷總額的百分之三點九、三點二、三點三及二點九。也就是說，廣告費用增加，占比卻降低，這表示盈利率增加了，廣告效益非常好！

而放眼業界，多數食品公司的廣告費用約占到營業成本的百分之十，表示旺旺的廣告支出只有同業的三分之一，也難怪旺旺的盈利率冠於群雄。

不放過任何潛在消費者

其實廣義來看，旺旺還是會做平面廣告，也就是逢年過節貼在小店門口喜氣洋洋的「海報」。主要方法是這樣的，旺旺委聘銷售代表，在促銷期駐守於各大零售店，一邊張貼海報，一邊為旺旺的產品直接進行宣傳。

早期旺旺也做過許多貼紙。在剛開放的中國，貼紙算是「稀有物品」，不要說小孩，連大人都很好奇，於是旺旺靈機一動，把旺仔娃娃圖案做成各種尺寸的貼紙，大的可以貼在牆上、車上，小的可以貼在書包上、門上，結果許多大人一遇到旺旺幹部，常常特別為了家裡小孩索取旺仔貼紙，連政府官員都想要。

眼見旺仔受到如此歡迎，湖南長沙廠更做了有旺仔圖案的鉛筆盒、筆記本等許多商品，讓很多顧客留下更為深刻的印象。

第3節
旺旺廣告的「蔡總導演」

「開麥拉！」聲音從黑暗角落處響起，三十五釐米的「阿萊」（ARRI）攝影機對準光亮處一名男孩，男孩約莫七歲大，身高一百二十公分，有著豐厚的雙頰。

這名小男孩捲起袖子，雙眼瞪得圓滾滾的，手中拿著紅色罐裝的「旺仔牛奶」，口中大喊：「爸爸，將來我一定比你強！」

這是廣告中最重要的一句台詞，人稱「李導」的導演李業埠要求小男孩唸了二十多次。整支廣告三十秒長，劇情是一名念小學的男孩聽母親的話，每天喝「旺仔牛奶」，目標是要比父親更高壯。

「媽媽說，旺仔牛奶很營養，又有DHA。」小男孩在廣告中說。以分類品項來看，「旺仔牛奶」是一種「營養強化」的休閒食品，主要訴求三到十二歲的學齡前孩子到中小學生，這樣成長中的孩子，中國至少有一億人，特別在一胎化的中國，每個孩子都是寶貝。

事實上，這項產品的單價為人民幣三點八元，比同樣容量的其他產品價格硬是貴了三成以上。

「我要他一再重來，主要是還達不到那種充滿希望、無所畏懼的語氣和眼神。」李業埠說。這支廣告將送到全中國三十三個省市自治區的電視台，播放給一億個家庭觀看。

有趣的是到了廣告最後，父親咀嚼了一下「未來小孩要比他強」這句話，然後打開自己的壁櫥，結果裡面擺的不是洋酒或紅白酒，而是更多的「旺仔牛奶」，他得意地說：「寶貝比我強？我也每天都在喝旺仔牛奶！」

根據佛洛伊德的理論，父子之間有一種微妙的關係，兒子在潛意識中除了希望父親疼愛，卻又有挑戰父親權威的心態，讓父子之間多了一種矛盾的自我防備心理。這種「伊底帕斯情結」，在廣告中以機智巧妙的安排、令人印象深刻的好記台詞和教人莞爾的方式表現出來。

蔡老闆身兼「蔡總導演」

這支「旺仔牛奶」廣告的企劃不是來自品牌行銷總監，內容劇情不是來自廣告公司的創意總監，廣告的對白設計也不是來自文案企劃；整支廣告從構想到對白，全部來自旺旺集團的董事長蔡衍明之手。

「這幾句文案是董事長直接寫給我的！」李導回憶，有時蔡衍明還會在半夜打電話給他，修改其中一、兩字，甚至光是一句台詞就想了三個月。

從三十年前決定自創品牌之後，旺旺無可避免的要接觸廣告的拍攝，每天都要和廣告打交道。特別是在早期台灣大眾市場，連賣藥都要靠廣播的年代，廣告的每一字、每一句、音量的大小變化、語氣的抑揚頓挫，字字句句都和產品銷售有關。

蔡衍明把「產品構想」落實到「廣告構想」，而廣告運鏡和剪輯的執行則交由李業埠。李業埠現在是旺旺專屬的全職導演，二十年來至少幫旺旺拍過上千支廣告；二〇〇二年，旺旺集團乾脆請他加入公司，執行每年拍攝三、四十支廣告的工作。蔡衍明自己便說：「這樣能減少溝通的成本。」

這四十支廣告是旺旺三百多種產品的先鋒部隊，以「密集轟炸」的方式，為產品上市而護航。特別是在中國，商店的貨架上已經有太多的品牌，讓消費者看得眼花撩亂，而每一種產品都有不同的決定購買者。蔡衍明很清楚，像上述旺仔牛奶的廣告，決定購買的人不是想變強壯的兒子、也不是事業有成的父親，而是那位望子成龍的母親。廣告中的母親也許不是主角，但廣告想要打動的是母親的心。

因此，母親才是旺仔牛奶的「決定購買者」，她看見小孩每天喝、變得健康又聰明，甚至還有刺激老公想要變強壯的「副作用」，母親當然是「最大受益者」，因此更加鼓動母親決定購買的欲望。

拍這支廣告的小男孩是廣州小學生，他生長的時代是全中國最富裕、經濟上升的年代，國民生產毛額連續二十年以兩位數成長；根據高盛證券二〇〇七年的評估資料，預計到了二〇二五年，中國將正式取代美國，成為世界最大的經濟體。

雖然市場這麼大，旺旺還是將廣告資源集中於加深兒童對品牌的認識，慢慢再隨時間擴展到家長及長輩層面。旺旺的策略是這樣的：希望自孩童時期起，就開始建立孩童對旺旺品牌及產品的認識。「我們的策略是客戶和旺旺的產品共同成長，甚至他們的下一代都來購買我們的產品。」陳建誠說。

旺旺在大陸平均一年要拍三、四十支新廣告，等於每兩個星期都有新的廣告與觀眾見面。旺旺播映廣告並沒有交給廣告公司來安排，而是自己與電視台交涉上檔，連腳本的企劃和廣告拍攝也都自己來！主要是沒有人比公司自己更了解產品的市場定位、屬性特色，此外也希望廣告的效果有一致性，因此許多廣告人看到旺旺的廣告都會說：「蔡老闆自己就是總導演啦！」

這三、四十支廣告，每一支廣告的每一句台詞都是出自蔡衍明之手，然而他幾乎從來不到片場。「我記得他只有一次到過片場吧！」李導演指出，這位「蔡總導演」幾乎完全授權。

旺旺廣告的四大特點

像旺旺這樣全部自己來、不找廣告公司，其實有利也有弊，缺點是缺乏從外到內、不同創意的激盪。那麼對旺旺來說，什麼是好的創意？從旺旺二十年來的廣告，可以發現如下特點。

第一：聽覺與視覺並重。

旺旺不喜歡做平面廣告，原因之一是平面媒體沒有音效，這只有電視可以表現。除了「看」廣告之外，有些產品行銷管道是用「聽」的，蔡衍明很早就了解這個道理。廣告重視「聽覺」有三個好處：一是補強畫面不足，容易留下印象；二是琅琅上口，便於傳頌；三是即使看不見廣告也能掌握主題。

「你要知道，廣告時間就是大家離開電視、最容易分心的時機，有些人上廁所、打電話，好的廣告一定要就算看不見，也要聽得到！」蔡衍明一針見血地說。

要能做出「聽覺系」廣告，不用花大錢，甚至比「視覺系」的廣告還要省錢，因為「聽覺」主要仰賴巧思和品牌的聯想性，而「旺旺」品牌二字既連貫又響亮，廣告很容易用「聲音」把品牌打響，這正是「聽覺」的效應。

第二：有情緒的引爆點。

情緒的引爆點可能是一句話、一聲清脆響音，或是品牌名稱，旺旺每一支廣告都包含了結合特色的「引爆點」。

像是一則慶祝過年的廣告，描述一家人在除夕圍爐守歲時，一起搶「旺旺」米果，象徵一年興旺。在這則廣告之中，一家人等待的「子夜十二點整鐘響」就是引爆點，誰能在這一秒搶到「旺旺」，就象徵預約一年興旺的好運道。

而像「旺仔牛奶」廣告中，那名父親得意地說：「寶貝比我強？我也每天都在喝旺仔牛奶！」這句台詞也是一個引爆點，讓觀眾感受到一層趣味，也加深了產品中營養成分的印象。

第三：台詞結合產品特色。

旺旺在二〇〇九年推出革命性的飲料產品「果粒多」，是用目前全球最流行的吸管鋁箔包製成，不像一般飲料包裝容器是固定大小，「果粒多」是一種隨內容量多少而變化大小的容器，於是廣告台詞也和產品特性緊緊結合，包括「站著喝、躺著喝」、「喝多少，小多少」，這些台詞既好唸，也完全點出產品特色。

更重要的是，一句「吃旺旺，人旺、財旺、氣旺、運道旺」的廣告詞已深入大陸十數億人心，特別是中國人一向對於吉祥話或氣運相當注重。「這種結合風俗民情的行銷方式，跨國企業不一定學得來、學得好！」行銷學者就指出，休閒食品有其生活化的一面，所以廣告的「流行感」和「口語化」就相當重要。

第四：從不同視角提醒消費者。

旺旺許多產品是給兒童及青少年食用，注意青少年的心理也就特別重要；而從廣告的運鏡來說，產品的視線角度也講求兒童的視角，因此採用仰角居多，畢竟兒童身高較矮，常要抬頭看商店架上產品。但是有一則廣告例外，就是春節期間的「大禮包」的廣告，出現了一位來中國過年的高大洋人，因為拜訪朋友而準備「大禮包」做贈禮，旺旺一反常態，採用「俯瞰」視角拍攝，高大的洋人變成「人在屋簷下」，造成一種「入境隨俗」的效果。

以上的廣告特點還在持續「改寫」之中，因為產品的特色會改變。蔡衍明曾經坦言：「我在構想一項產品的同時，其實也一面構思廣告要如何表達。」從這個角度來看，蔡衍明作為旺旺品牌的「總導演」實至名歸。

第4節

黑皮拚勁橫掃市場

走進旺旺的總部，一定會經過一幅描繪「波士頓犬」的油畫。這隻波士頓犬是曾經陪伴蔡衍明的「黑皮」（Happy），油畫大約兩層樓高，光是畫就畫了半年。

為什麼要畫這麼久呢？旺旺國際事業部總經理梅鴻道說：「我有一次經過，看見那名畫家每畫一筆，就從梯子上爬下來，站在三公尺遠處，仰望四十五度角瞇著眼看半天，再爬上去畫。這畫一筆、上下一次，平均每畫一筆就要花費五分鐘吧！」

一筆需要五分鐘，恐怕可以媲美六百年前歐洲文藝復興時代大畫家米開朗基羅，他用了三年的時間彩繪西斯汀教堂的圓頂壁畫，畫完之後頭髮都白了，但是讓宗教精神藉由藝術表現出來，使後人佇足、深受啟發。旺旺的「黑皮」油畫也有異曲同工之妙，員工只要上班就可以接觸到旺旺精神。

迎戰如雨後春筍般冒出的競爭者

「牠的精神啟發了我。」蔡衍明常這樣強調。所謂的「黑皮精神」，首先就是勇敢面對挑戰，不怕和比牠更大的狗硬拚，戰鬥力十足，即使屢戰屢敗還是堅持到勝利為止。正是這種「黑皮精神」，讓旺旺得以在一九九九年之後，勇敢迎戰大陸風起雲湧的競爭者。

很難想像在不到兩年時間內，大陸出現了上百家的競爭者。「根據我們那時統計，全中國一下出現了一百八十七家米果公司。」當時剛從生產線轉為負責銷售的林南山回憶，光是河南省和杭州市至少就有三、四十家。

從「款到發貨」到廣告「密集轟炸」，旺旺於九〇年代中期在大陸打開了「高利潤、高成長」的市場，也讓大陸本地的食品業者看得眼紅。「那時候，對手與我們的價差大約在百分之三十到四十左右。」林南山還記得，旺旺如果賣十元，對手一開始大約賣七元或六元。

而且，這些如「雨後春筍」般冒出的當地米果公司，主要鎖定的是縣級以下的城市及中下層的市場，通常不會在大城市與旺旺進行正面的對決，但是他們進攻市場的速度極快，先在一個鄉鎮推出，到了下一個星期，附近的幾個鄉鎮也出現產品了。

當地的米果公司之所以會一家一家出現，主要原因有三。

第一個原因是廉價的米果生產設備大量開發出來。

早期生產米果的機器設備都是由日本進口，一套完整的設備加上關稅，需要花費一千萬美元以上，許多民營公司欠缺資金，根本買不起這些設備。一九九九年之前，許多大陸食品業者便是因為「資金門檻」的問題，沒有進入「高成長、高利潤」的米果市場；至於國營企業雖不缺錢，但是學習速度慢，很難掌握關鍵技術。

在二〇〇〇年之前，旺旺碰到的唯一一次威脅是在一九九七年時，生產「康師傅」方便麵的頂新集團也投入資金，從日本買入設備，但畢竟還是面臨技術及品牌的問題。

但是到了二〇〇〇年之後，大陸製造業慢慢具有機械設備的開發能力，特別是食品加工機器的開發。於是過去動輒千萬美元的米果機器，大陸地區開始有能力仿製了，而且價格只要十分之一。

因此，大陸各地的食品小廠只要有能力，都開始投入米果市場，林鳳儀形容，這是米果市場歷史上的「戰國時代」。

第二個原因是技術外流。

事實上除了米果機器的成本大幅降低，形成「戰國時代」的另一個原因是「技術流出」。這時旺旺正式在大陸投產已有六年了，許多離開的員工認為他們掌握了相關技術，所以開始自立門戶，希望能建立像旺旺一樣高成長、高毛利率的事業。

另一方面，大陸本地的食品業者購買了米果機器之後，有些公司用挖角的方式從旺旺找來人才，於是技術外流的情況更嚴重。

第三個原因是原料成本便宜。

大陸的競爭者當然不可能做到像旺旺一樣的品質，但最大的優勢就是「低價」。於是，旺旺馬上進行價格戰，而且一次就降價百分之四十，企圖一次打垮競爭者。

一次降價百分之四十，等於把獲利都吐出來了，但是蔡衍明希望讓對手了解旺旺勢在必得、保衛市場的決心，他要讓競爭對手完全沒有生存空間！

正視競爭者的鯨吞蠶食

旺旺敢下重手，其實有一個更重要的原因：他們看見日本市場的殷鑑不遠。

日本米果市場剛開始時也只有少數幾家，最後卻高達四百多家，就是因為市場的領導者無法與其他競爭者拉開距離，所以小廠林立，最後大家的利潤都很低。

蔡衍明很擔心歷史重演，特別是日本一億三千萬人口就可以出現四百多家公司，那麼中國的人口十倍於日本，按照比例推算，未來豈不是會有四千家？

所以蔡衍明寧願大幅降價，避免出現四千家公司彼此競爭的市場。但是結果出乎他的意料之外，旺旺原以為大幅降價百分之四十，就能大幅逼退競爭者，但一個月後並沒有達到明顯的嚇阻效果，甚至有廠商跟進降價，也降了百分之四十，而且還存活得很好！

「我們突然發現，對手其實是打不死的蟑螂。」林南山指出，直到這個時候，旺旺才開始認真研究對手可以存活的原因。

於是，旺旺針對各方面展開研究，從生產流程、財務會計系統、市場營銷人員等方面，研究大陸競爭對手的動向，這才了解，原來大陸米果工廠從人工成本、機器設備、原料成本、稅金計算方式都和旺旺不一樣，成本低得難以想像，不只是機器設備成本只有旺旺的十分之一，有時原料的價格甚至只有百分之一。

「這時我們才發現，如果只用降價策略，讓旺旺的高質量產品降價去和低質量產品競爭，最後一定會得不償失！」廖清圳形容第一次和大陸當地競爭者交鋒的經驗，他們突然覺悟出對手的可怕，絕不能掉以輕心。

這時旺旺也面臨未來路線的選擇。如果只做中、高價位市場，以品牌及品質換取高毛利率，則可以和當地低價的品牌小廠相安無事，一樣維持高利潤。

但問題是，大陸已有將近兩百家米果小廠，如果有十分之一也就是二十家賺了錢，再把賺得的錢拿來投資廠房、擴充生產線，並且提升技術、花錢進行研發、找人才、找技術，甚至購買更好的設備而逐步提升，那麼五年、十年之後，有沒有可能給旺旺帶來威脅呢？

事實上以旺旺在大陸市場的經驗，他們深知大陸企業快速成長的能力。如果不能在一開始就嚇阻對手進犯、使之轉向其他市場，則過了五年、十年之後對手長大了、茁壯了，屆時不但打不死他們，甚至中、高層市場的高利潤也會被這些小廠鯨吞蠶食。

想到這裡，所有旺旺的主管都坐立難安。「到了那時候，旺旺可能只是米果市場中知名度比較大的一家而已，市場占有率也不可能很高。」廖清圳說。這時候，所有的幹部下定決心，寧可暫時犧牲「短期利潤」，全心思考如何將競爭者逐出市場。

橫掃市場的關鍵策略

二〇〇一年，旺旺對外對內有兩項關鍵性的策略：

第一種策略是「對外」：旺旺推出了「副品牌」策略，而且不只推出一個副品牌，而是同時推出五、六個副品牌，針對不同市場、不同顧客階層、不同的質量、不同的價格來滿足市場。

首先，他們在中等價位市場一舉推出三個品牌：「黑皮」、「大師兄」、「挑戰派」。和「旺旺」這個品牌相比，價格從每公斤五十元降到三十元。

此外又在鄉村平價位市場推出「米太郎」、「小丸子」兩個品牌，再從中價位的三十元降到五元！

這便是後來在旺旺內部稱為「千禧大拚殺」的專案，不管是全國性對手或是地方對手，一律橫掃市場。如果說廣告像「轟炸機」，這些副品牌則像是各式各樣善於攻擊的「戰鬥機」，和敵人展開近距離的肉搏戰。於是在市場通路方面，他們在每一個省都指派一位業務總監，直接負責開發客戶的任務，也就是吸收新的經銷商來推動各式品牌產品。

「我們每開發一個新的經銷商，其實都已設定好要請他賣什麼產品、要賣什麼價格、什麼數量。」林南山解釋，每一省的業務總監其實早就調查過市場上有哪些「競品」、來自於哪一家競爭的食品廠商，於是針對最有威脅性的競品展開價格及數量的競爭。

「設定對象，直接對決！」林南山自信地說。等到主要競爭對手不支退出市場之後，旺旺馬上尋找下一個對手，再推出另一個品牌與之「對決」，不到一年時間，許多小廠紛紛停止生產線的運行，尋求將設備轉手賣給別人，而旺旺推出「多品牌」的策略也初步奏效。

第二種策略主要是對內：全部採購大陸當地生產的設備，不再使用日本進口設備。

旺旺認為，自己的生產成本比競爭者高，這是事實，所以要向對手學習成本管理、一切本土化，甚至讓成本比對手還要低！所以旺旺從設備、原料等方面開始「分級」，不管是大米、調味料、包裝等方面都要分級。

舉例來說，初期是用進口設備來生產「旺旺」品牌的產品，只要是掛「旺旺」品牌的產品，從設備到原料都使用最好的；大陸製造的設備則用來生產「副品牌」產品，設備、原料則是堪用就好。這樣一來，副產品成本降低，價格也變得比較有彈性，最後「旺旺」品牌和最便宜的「副品牌」之間，零售價格可以相差到五倍以上。

「坦白說，我們售價最低的產品，到可能最後會虧錢。」一名旺旺主管指出，儘管這部分虧錢做了犧牲，但是以整體的策略來看，旺旺可以用其他賺錢的產品來彌補。

但是對於大陸本地只做廉價米果的食品工廠來說，如果米果開始賠錢，則很難一直支撐下去，由於廠房規模不大、投資也小，不如趕快改做別的生意。

而儘管有其他的大陸食品業者接手這些二手設備，因為設備一再折價而使成本更便宜，但是旺旺靈活運用主品牌及副品牌，使得生產數量更大、更能發揮「規模經濟」的優勢。事實上，旺旺使用的原料量非常大，光是旺旺一家的米果產量就比全日本的產量還要大，在這樣的情況下，相關設備和原料不管是進口還是從大陸採購，一定比競爭對手便宜。

也因為受到大陸業者的刺激，旺旺更致力於提升技術實力，用大陸製造的生產設備做出日本機器做出的品質。

「其實日本和大陸設備的差異不在性能，而在於零件的壽命。」廖清圳指出，日本設備價格雖貴，但是零件很少出問題；而大陸設備價格只有日本十分之一，但是兩年下來，零件可能已全部換過一遍，因此只要注重零件的小毛病、及早汰換，還是可以讓大陸機器全速運轉。大約經過一年的轉換時間，開始全面用大陸設備來生產「旺旺」品牌的產品，最後根本分不清楚哪些產品用日本設備、哪些是用大陸設備生產出來的了。

「黑皮」已然威震市場

經過兩年的競爭，到了二〇〇一年，全大陸一百八十七家米果業者只剩下不到三十家，而且規模持續萎縮。他們發現米果並不好賺，而由於設備投資不大，還不如及早轉而做其他休閒食品比較划算。

面臨兩百家廠商競爭時，旺旺的市占率曾一度掉到百分之五十上下，如果不採取主動出擊的行動和策略，五年、十年之後，市占率更可能掉到百分之二十，分析師就指出，市占率如果掉到百分之二十、失去了獨大的地位，以後想再提升到百分之三十就很困難了。

而從二〇〇四年之後，旺旺米果的市占率已經穩定回升到百分之七十，只要市場一有動靜，出現新的競爭者蠶食瓜分市場，旺旺就再派出「黑皮」大咬！

林南山則指出，表面上旺旺採取的是多品牌的戰略，其實應該說是整體實力的對決，包括客戶資源的對決、市場價格的對決、產品質量的對決，經過一番對決之後，到了二〇〇五年，旺旺的市占率已穩定維持在百分之八十以上。

以各種米果的產值來看，「旺旺」品牌占了百分之七十五，以「黑皮」為首的眾多副品牌占有百分之二十五。儘管眾多副品牌產品利潤較低，但是到了二〇〇六年，整體市占率夠高，「黑皮」的價格宣布調升百分之二十，這說明「黑皮」已然威鎮市場，楚河漢界底定，不需要再打低價策略了。

奠定款到發貨的基礎

開始參加商品交易會，為行銷全中國鋪路

◆由於大陸幅員太大，必須用固定一年兩次的交易會模式，讓全大陸經銷商前來了解產品。參加交易會有一定規格的標誌與布置方式，讓經銷商容易了解品牌的行銷方式。

1993年，旺旺第一次參加商品交易會，接獲大量訂單。台灣工廠趕工製作出200個貨櫃的米果，然而取貨率竟不到兩成，主要因為旺旺規定要先付款才能提貨。這時蔡衍明做出大膽決定：將剩下的米果全部送到學校給學生試吃！結果學生們一吃成主顧，經銷商又來大量訂貨，而且接受「款到發貨」，就此奠定旺旺行銷通路的基礎。宜蘭食品提供

破冰之旅與送旺下鄉

廣設工廠，多元產品，綿密通路

▲產品銷路激增之後，旺旺開始借助大陸各地的發展需求，前往全中國建置工廠，並開始發展多元產品策略，由米果跨足飲料與休閒食品市場。旺旺在全大陸目前有三百多個生產廠區，休閒食品現已發展到一千多種品項。亞洲週刊圖片／葉堅耀攝

◀中國大陸的農村人口占了總人口的70%，旺旺看準這個消費潛力驚人的廣大市場，開始推動「送旺下鄉」策略，與經銷商一起深耕各種通路，把旺旺的產品鋪送到全中國四百萬個銷售據點。亞洲週刊圖片／葉堅耀攝

▼由於建廠太快、業務代表擴張太快，造成經銷商的反彈，自從2004年營業成長停滯之後，蔡衍明帶領的總部經營團隊立刻發動「破冰之旅」，致力打破與經銷商之間的冰凍關係，加強管理效率與組織變身。

前排左為旺旺集團副總裁廖清圳，前排右是蔡衍明先生二公子、集團副總裁蔡旺家，第二排中為集團管理總處總處長李玉生，整個總部經營團隊像是一個大家庭，攝於旺旺集團上海總部大廳。宜蘭食品提供

由米果跨足飲料

食品製造精益求精，持續變身

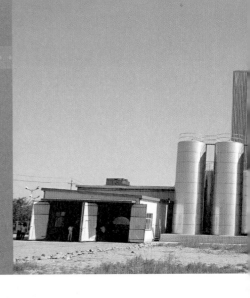

◆旺旺站穩米果第一品牌之後，開始跨足食品業的其他項目，包括「QQ糖」等休閒食品，以及「旺仔牛奶」等飲料產品。為了尋找清淨的乳源，旺旺甚至深入大西北烏魯木齊，和當地的大型牧場簽約結盟，不但保證收購乳源，也大舉投資最先進的取乳設備，並引進現代化管理，以防三聚氰胺事件重演。亞洲週刊圖片／葉堅耀攝

緣，自信，大團結

充分突顯企業精神的上海總部

▲「金字招牌」象徵傳統商人對於信譽、名聲的重視及寶貴，旺旺的金字招牌高107公分，重688兩，用99.99千足金打造，展現出旺旺全力打造、維持金字招牌的決心和信心，可以看出對品牌的重視。宜蘭食品提供

◀旺旺集團的上海總部，充分呈現奠基於台灣的企業文化和精神。門口有兩隻銅鑄的「忠義神犬」，構想來自石門「十八王公」的義犬，是旺旺的守護神。張口的公狗代表莊嚴、奮發向上的精神和勇氣，閉口的母狗代表服務、文化和慈祥。亞洲週刊圖片／葉堅耀攝

黑皮（Happy）是蔡衍明七歲時陪伴他的波士頓犬，化為兩層樓高的油畫。黑皮自信、忠誠、自強，牠的精神深深影響蔡衍明，因此將黑皮作為旺旺的吉祥物，希望把這種精神融入公司的經營理念之中。宜蘭食品提供

「己」字是蔡衍明的座右銘，意思是「反省自己」，是做人的基礎，也是他事業的開始。隨著旺旺事業壯大，這個「己」更發展成五個「己」，座右銘變成了旺旺的「公司訓」。亞洲週刊圖片／葉堅耀攝

氣氛熱烈的尾牙是旺旺文化很重要的一部分，員工對公司很有向心力的大團結精神在此展露無遺，蔡衍明總是和年輕員工打成一片。宜蘭食品提供

口中之心

企業的多角經營與社會責任

◆旺仔娃娃的「口中之心」，代表旺旺經營企業首重「誠心」，除了生產高品質的產品，也在天災人禍之時盡力協助災民。上圖是四川震災後，旺旺捐款協助四川省廣元市嘉陵小學重建校舍。宜蘭食品提供

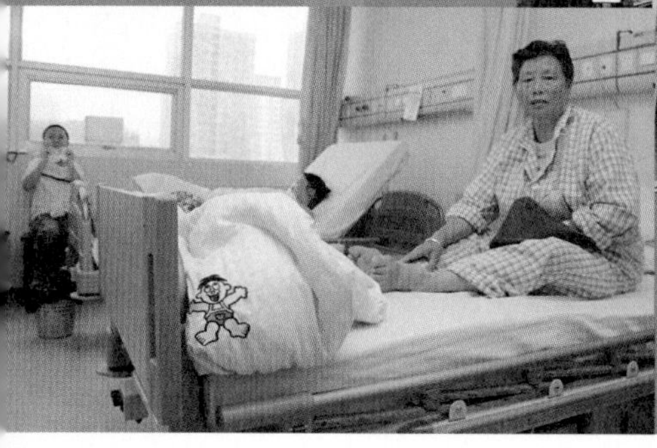

◆旺旺以同樣的心意跨足經營醫院與媒體，期望對社會發揮更大的正面影響力。旺旺醫院是大陸第一家中外合資的大型綜合三級醫院，更是唯一一所在汶川大地震中協助醫治傷患的台資醫院。亞洲週刊圖片／葉堅耀攝

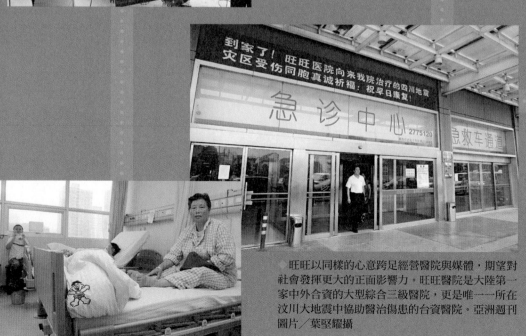

第三部

大團結

第七章　應有市場論

旺旺站穩了米果第一品牌後，開始將觸角伸向其他領域，包括乳品和其他休閒食品。旺旺以高品質為基礎，陸續推出旺仔牛奶、ＱＱ糖等新產品，迅速席捲「有嘴有錢」的休閒食品市場，更不以市調自我設限，極力衝出應有的廣大市場！

第1節　風味牛奶的崛起

「我有一個夢。這個夢是讓每個中國人，首先是孩子，每天都能喝上一斤奶。」二〇〇六年四月二十三日，中國總理溫家寶考察奶牛養殖基地時這樣說。

溫總理這個夢，背後是對中國富強的期盼。而這樣的夢想，蔡衍明在十年前就開始準備了。早在一九九〇年代，蔡衍明曾經喝過日本著名食品廠「不二家」的調味乳「Milky」，覺得乳香味和滑順度都很不錯，當時他就閃過一個念頭，有朝一日也要做出這樣的產品，讓更多中國人分享。

日本「不二家」由藤井家族創立於一九三八年，是日本蛋糕糖果業巨頭之一。在日本及西方先進國家，每人平均年消費牛奶至少兩百公斤以上，而中國城鎮居民人均年消費牛奶才二十五公斤，只有先進國家的八分之一；正由於牛奶喝得少，中國人普遍缺鈣質營養。

懷抱又香又濃的牛奶夢

到了九〇年代末，中國乳業開始發達起來，主要是發展冷藏鮮乳市場，至於添加口味的調味乳市場，一般國營大型乳品公司經營有限，蔡衍明直覺機會來了。一九九六年時，他拿了一罐日本「不二家」生產的「Milky」，交給剛從黑松汽水品保課課長轉戰旺旺集團的林鎮世說：「我要做一支口味更香濃的產品！」

調出香濃的風味牛奶不難，難在穩定的品質和製造保存。乳品飲料屬於「低酸性」產品（像是牛奶、咖啡等），內含物又比一般飲料來得「營養」，所以較容易滋生細菌，時間一長容易變質，於是考驗了旺旺的品質控管能力。

「旺仔牛奶」的主要原料是奶粉、煉乳和水，製造的第一步是「均質」的程序。

均質化程序是用兩次高壓，將所有的原料徹底混合，同時改善乳製品的穩定性及一致性。「就像我們自己在家泡奶粉時，一定要攪拌得很均勻，不能有奶粉塊。」林鎮世解釋，「均質」得愈徹底，未來做出的產品才能確保貯存、分銷時維持穩定。

經過「均質」之後，第二步是超高溫消毒（UHT），就是將產品加溫至三百度的超高溫，讓許多微生物無法生存，確保原料已成為無汙染、無菌的半成品。乳製品的每一個製造過程都必須經過微生物檢測來把關。

第三步，也是最精密的一步「無菌貯存」，就是將半完成品以無菌的「冷充填」入瓶科技進一步加工，製成旺仔牛奶成品。「這個過程主要是在已消毒環境中包裝液體，防止空氣微粒或微生物的汙染。」林鎮世解釋，產品最後包裝成鐵罐裝或利樂包形式。

旺仔牛奶的總生產時間約兩小時，但最特別的是，旺仔牛奶做好之後不會馬上出廠，反而是先送進庫房，等五天後檢測沒有問題，才能讓產品出廠。檢測的工作為什麼需要五天？原來是因為很多微生物反應一時無法檢測出來，必須花時間來醞釀質變。

於是這五天之內，在一箱一箱排列得井然有序的產品之間，品管人員先觀察外觀有無變化，因為變質的產品會產生氣體、出水等，使得包裝出現變化；哪一箱產品有問題，可以輕易的從外觀察覺，這一工作稱為「翻推」。

這五天內還有另一工作，就是抽驗「不良率」。旺旺對於良率的要求比「六標準差」還要嚴格，「六標準差」要求生產的產品中有百分之九十九點九九九六六是沒有問題的，也就是每一百萬個產品只能有三點四個有瑕疵，但是對旺旺而言，這種「百萬分之三」的風險仍舊太大。「我們一天要出貨五百萬包產品，不就等於可能有十五個瑕疵品嗎？」林鎮世說，因此旺旺要求要做到千萬分之一，也就是每千萬包產品只准有一個瑕疵品。

也難怪蔡衍明對於品質的要求極嚴，在他親筆寫給幹部的書信中就特別提到：「當品牌愈做愈大、產品愈做愈多時，我們對產品的品質就愈要求，因為一不小心，一個產品就會損害品牌的聲譽。」

所以，即使旺仔牛奶在市場賣翻天、經銷通路喊著缺貨，旺仔牛奶還是要好好的待在庫房檢測五天。「品質是企業的生命、我們要對消費者負責。」林鎮世指出，旺旺所有產品的檢測都比國家標準還要嚴。

添加DHA的加值策略

旺仔牛奶初期行銷的另一項特色，就是在成分中添加了「二十二碳六烯酸」，簡稱DHA。

早在九〇年代初期，台灣食品業就已流行添加DHA，但當時大陸市場對於DHA這種支持大腦的健康發展、對兒童尤其有益的營養成分還不熟悉。一九九六年，旺旺準備在大陸開發「旺仔牛奶」這支產品時，中國第一個廠區湖南廠得知DHA的訊息，便把相關成分拿去和大陸營養界人士討論，後來決定於一九九七年向中國衛生部申請「保健飲料」證明。經過各種試驗，「旺仔牛奶」成為當時唯一獲中國衛生部認可為「國家保健食品」的中國風味牛奶。

由於香濃的品質和添加DHA，「旺仔牛奶」一開始訂定的售價比別人貴，容量兩百四十五毫升賣三點八元人民幣，價格比同樣容量的一般產品貴上三成，於是一開始先在消費力較高的地區如杭州、江浙一帶推廣，果然先獲得江浙市場接受，在杭州站穩腳步後，接著一步一步擴展到全中國。

根據市場調查公司「AC尼爾森」的報告，從銷售額來看，二〇〇七年在全中國的風味牛奶市場中，「旺仔牛奶」已有百分之四十點六的市占率，更在旺旺飲料產品營業額占有八成以上的地位，是名副其實的「旗艦型產品」。「旺仔牛奶」推出十年來逐年成長，最主要的成功原因有三：

第一是這支產品的定位很成功。起初，旺仔牛奶是以學齡前後五歲到十五歲的兒童為營銷對象，二〇〇〇年之後擴展至青少年市場，最後更擴及其他年齡組別。事實上從社會成長軌跡來看，例如日本於戰後實施「學童奶計畫」，結果使十四歲孩子身高平均增長十公分、體重增加八公斤，而中國溫家寶提出一斤奶的想法，也是著眼國民體質、國家發展的大計。而一九九五年之後，大陸乳品市場平均每年都有百分之三十的成長，所以只要選對市場定位，就等於成功了一半。

第二是口味的差異化。根據中國農經專家研究，中國人購買乳製品的前三大決定因素，一是口味、二是營養、三是價格合理，價格排在最後，但是口味比營養更重要；旺仔牛乳的濃郁口感在中國前所未有，果然在激烈競爭中占有四成的市場，完全說明了口味的重要性。

此外在二〇〇四年時，國際乳價大跌，讓採用進口乳源的旺旺大幅降低成本，多出了利潤，這時蔡衍明特別向研發團隊建議，與其多賺錢，不如將乳品成分提得更高，讓牛奶更香濃、成分更純，使得旺仔牛乳的濃度到達產品的極限。

第三個成功關鍵是包裝與陳列。事實上旺仔牛奶一開始推出時，也曾面臨市場接受度不足的苦戰，後來開始強打健康成分，而且包裝精美，包括印有人見人愛的「旺仔」卡通肖像作為賣點；另一方面，包裝方式也改成六罐、十二罐一箱等包裝，使得賣場陳列及送禮都比較方便，如此一來，旺仔牛乳開始成為營養的伴手禮，銷路大幅增加。

也因為旺仔牛奶成功成為飲料市場的一方之霸，旺旺長驅直入飲料市場，開始生產其他飲料，包括乳酸飲料及即飲咖啡。旺旺的乳酸飲料主要是「哎喲益樂多」及「O泡果奶」，「哎喲益樂多」於二〇〇七年推出，是一種益生菌乳類產品，有益腸胃；「O泡果奶」是一種非碳酸飲料，故名為「無泡果奶」；即飲咖啡產品則以品牌「邦德」為主。這些產品陸續推出，為多元化的產品策略開始鋪路。

第2節

五連包QQ大進擊

雖然生產過各式各樣的點心，蔡衍明一直無法忘懷彈性軟糖產品。

早在一九七九年，蔡衍明就從西班牙進口彈性軟糖（Gummy），即後來台灣市場俗稱的「甘貝熊糖」、「QQ熊糖」，他認為這種產品很有特色，主要是有嚼勁，外觀又很亮麗，加上充分保持的水果味，好像一再咀嚼都會有果汁跑出來。

那時候蔡衍明先開始小量進口，命名為「Ting Ting Gummy」（婷婷糖）。宜蘭食品是台灣第一家引進這種彈性軟糖的公司，果然年輕人對於這種很有嚼勁的軟糖接受度很高，價格最高時，每一包七十公克可以賣到台幣三十五元，才剛進口第一個貨櫃就大賺錢。

蔡衍明馬上準備乘勝追擊，從歐洲進口更多數量。「我們一打開貨櫃箱，全部人都傻眼了！」當時負責銷售的郭文智形容，所有的「婷婷糖」全部熔化成五顏六色。

原來製造商缺乏進口商品到亞熱帶台灣的經驗，沒有注意溫度的問題，正好大量進口時是夏天，於是幾大箱貨櫃的糖果都因受熱熔化而黏在一起，賣相很差，最後只好自己吃掉！

大舉進軍糖果的第一步就滑了一跤，加上有很多貿易商開始引進這樣的商品，旺旺也就沒有再投入，但是蔡衍明對這次進軍糖果市場的經驗念念不忘，一直想放到大陸上去試。「這支產品最後會成功，都是因為董事長無法忘情甜蜜滋味吧！」曾負責糖果事業群的總經理謝順堂說。

不放棄跨足糖果市場

一九九五年，旺旺在大陸站穩腳步之後，蔡衍明就延請在台灣糖果公司擔任研發主管的吳祝和，擔任廣州「立旺公司」副總經理，開始自主研發出這款後來在全球市場都很受歡迎的產品。

這種橡皮糖的特色就在於嚼勁十足，原料主要是明膠、麥芽糖、果汁及砂糖等。畢業於中興大學食品研究所的吳祝和是台灣各種糖果的專家，但是要自己做出這種產品還是第一回，於是他帶著剛從金門當完兵、當時甫加入旺旺集團的謝順堂，一起在台北辦公室做產品開發。

以蔡衍明最重視的咀嚼感來說，這需要適當的「乾燥技術」；如果產品的原料比例不對，就不容易產生「凝膠」現象；如果水分沒有完全退掉，也容易讓砂糖和澱粉跑到糖果的表面，使形狀變得很不好看。「我們整整有半年的時間，都在看老闆的嘴巴變化！」吳衹和說。

從混合及熔化白糖、麥芽糖糖漿開始，然後與凝膠漿混合及溶化，每一個步驟都必須自己摸索，而軟糖要做得好，最重要的關鍵是「凝膠」內含水分的平衡過程是否順利、不會出現「反砂」現象（糖在表面結晶出來）。

儘管擁有完整設備，過程還是需要自己摸索和調整。謝順堂回憶：「有一次幾十公斤的原料倒出來之後，發現完全不成膠，我們也只能重新再設定條件。」

不過最辛苦的還在後面。製程研發完成後，要把台灣的試產線移到大陸廣東，但是糖果生產設備投資金額極大，一台「熬煮機」就要七十萬美元，「乾燥系統」也要八十萬美元，還有鑄膜機、包裝機等等都是數十萬美元起跳，一條生產線光是設備就要投資三百萬美元，等於是一億台幣！卻不保證一定可以順利量產。

在這樣情況之下，一定要先行試驗量產技術，再決定要不要投資設備，於是旺旺的幹部決定用半人工的方式來量產軟糖，沒有乾燥設備，就自己抬粉模板、手動控制不同溫度來做乾燥。「那時一天搬完模板，晚上腰桿都打不直了！」謝順堂回憶。

就這樣不斷試驗、設定組合各種相對溼度條件、不停地熬煮，到了一九九八年，旺旺終於成為中國第一家推出彈性軟糖的公司，產品命名為「ＱＱ糖」。

「能讓軟糖做出晶瑩剔透的糖身，世界上沒有幾家公司做得到！」謝順堂說，這正是旺旺的「ＱＱ糖」後來能夠一枝獨秀、稱霸中國市場的原因。

多元化的產品策略

也由於旺旺率先把「ＱＱ糖」名稱打響之後，ＱＱ已代表一種可愛、新鮮、歡樂的口味，後來大陸也出現很多「ＱＱ」系列的產品，像是「ＱＱ棒」、「ＱＱ鞋」甚至「ＱＱ車」等。而旺仔的ＱＱ糖每十八克賣一元人民幣，等於是一公斤糖果賣五十七元人民幣，一推出時就是全中國最貴的糖果。

對於糖果市場，謝順堂信心滿滿，主要的原因有三：

首先，旺仔ＱＱ糖不但是「代名詞」式的產品，而且一開始就用「五連包」的方式推出，所謂「五連包」包含五個小包裝，每一個賣一元人民幣，可以零賣，也可以五包一起賣；因為連在一起，又可以拆開，所以極方便市場的推廣及嘗試，從城市到鄉村無往不利。

更重要的是，「五連包」非常方便陳列和懸掛，即使掛在商店的角落處，五連包仍能搶得消費者的目光。謝順堂觀察，現在「五連包」已成為新興糖果產業的「潛規則」，休閒食品若要很快受到市場歡迎，採用「五連包」是最佳方式。

第二，旺旺有全國性的通路和品牌，糖果部門可以借力使力，再加上除了受年輕人喜愛之外，糖果也是喜慶節日必備的休閒食品，和旺旺的品牌意涵具有相乘效果。

第三是產品品項的持續增加。除了棒棒糖、牛奶餅乾等，蔡衍明後來又把自己很喜歡吃的日本森永「Hi-Chew」軟糖交給糖果事業群，同仁們還記得這個喜歡吃糖的董事長揚言：「誰做得出來，我就親他一下！」

日本「Hi-Chew」軟糖是一種含有奶味的軟糖，也是後來「旺仔牛奶糖」的靈感來源，既然「旺仔牛奶」已受到市場歡迎，何不順勢推出「旺仔牛奶糖」？於是糖果事業部門以無水奶油、煉乳及全脂奶粉等原料，在二〇〇四年推出了「旺仔牛奶糖」。

由於保有旺仔牛奶的香濃，旺仔牛奶糖漸漸成為大陸牛奶糖的代名詞，到了二〇〇八年，旺仔牛奶糖正式超越「大白兔」牛奶糖而雄霸中國。

事實上除了QQ糖、牛奶糖等，糖果事業群的「泡芙」、捲心酥如「黑白配」等這一類包含「注入巧克力」技術的產品，旺旺也是一枝獨秀，讓糖果事業群跨足西式餅乾市場的基礎非常強大，後來包括「牛奶餅乾」、「果凍」等產品輪番上陣，打開從未有過的新市場。

第3節

找不到第二名——多元產品組合

旺旺的市場愈做愈新、愈做愈大，但還是有永不停歇的挑戰精神。

二〇〇八年底，當時任職休閒產品事業群總經理的呂纖煜心情不太好，因為之前希望馬鈴薯澱粉等產品原料能夠完全從中國採購，然而努力了一年，還是有部分原料要從國外進口。

本地與外國原料的價格品質挑戰

從國外進口原料品質穩定，但是價格成本較高。舉例來說，屬於休閒食品事業群旗下的產品「旺仔小饅頭」，過去採用的原料是荷蘭進口的馬鈴薯澱粉，而從二〇〇六年起，開始和中國品質穩定的馬鈴薯澱粉廠合作。

經過二〇〇七年一整年的採樣試產，準備於二〇〇八年採用東北生產的馬鈴薯澱粉，但是沒想到氣候變化太快，馬鈴薯田有一邊日照不足，質量不夠好，最後真正生產時，只好繼續採用進口原料。「想急也急不得！」呂熾煜說。

「旺仔小饅頭」主要的原料包括馬鈴薯澱粉、奶粉及蜂蜜。過去在台灣製造生產時，幾乎全部採用進口材料，馬鈴薯澱粉來自荷蘭，加上來自紐西蘭的奶粉及泰國的龍眼蜜，才能做出媲美日本的產品，只不過日本不叫「小饅頭」，而叫「蛋酥」。

日本「蛋酥」所採用的馬鈴薯澱粉和奶粉則來自北海道，蜂蜜也是來自泰國；「小饅頭」的原料如果向日本採購，價格實在太貴了，品質也不如荷蘭穩定。也因此，旺旺一直採用荷蘭產品，主要是因為高緯度國家生產的馬鈴薯澱粉顆粒密度很穩定，烤起來比較香脆。

「小饅頭的馬鈴薯澱粉裡含有豐富的磷，可以促進嬰兒腦部的發育。」呂熾煜指出，只要原料新鮮、富含營養元素，產品至少就成功了一半。不過隨著關稅愈來愈高，小饅頭要用的馬鈴薯澱粉、蜂蜜、奶粉，必須盡量在中國採購。

但是農產品原料若要轉換，都必須花好幾年的時間仔細試驗，從品種、產地、數量及穩定度等方面都要考量。

按照呂熾煜的計畫，未來將在長江以南的雲南、長江以北的東北黑龍江建立種植基地，全面在中國開發馬鈴薯品種，只不過氣候無法控制，這是農產品原料無可避免的挑戰。另外在奶粉方面，過去全球乳製品一直很便宜，所以旺旺主要採用紐西蘭的產品，但是隨著價格波動愈來愈大，旺旺也開始在中國新疆等地開發乳源。

至於在市場行銷方面，「旺仔小饅頭」也是採用「五連包」包裝，光是二〇〇八年的營業額就達到七億元人民幣，折合台幣三十五億元。

旺旺第一的產品，很難找到第二名！

而在休閒產品事業群中，另一項營收破台幣十億的產品就是「碎碎冰」了。

旺旺生產的「碎碎冰」，其實就是台灣的「棒棒冰」，長棍形的包裝很受到市場歡迎。「碎碎冰」以果汁口味做出綿密的口感，一開始就受到中國東部、南部及內陸省分歡迎。

像蘇州最大的碎碎冰經銷商「甜友食品商行」，光是二〇〇七年就賣出了四百萬元人民幣。不只如此，甜友食品商行董事長龔雪濤非常看好碎碎冰的市場潛力，馬上又拿出二百萬人民幣，投資二百平方米的商鋪和冷庫（即冰庫），準備吸引更多的「二次批發」客戶（小盤商）來經銷這項產品。

龔雪濤指出，經營新產品一定要抓住時機，像南方天氣比較炎熱，他其實從二〇〇七年二月就開始準備賣碎碎冰，沒想到光是三月分就賣了一百萬人民幣。

也因為產品受歡迎、快速打開市場，碎碎冰很快就出現仿冒品。旺旺的管理階層很清楚，以中國人的創業精神及模仿能力，只要產品一推出賺了錢，一定會讓人眼紅，一定開始有競爭者及仿冒者出現，像小饅頭、碎碎冰這樣的產品都不例外。還記得二〇〇〇年時，米果事業曾經歷類似「戰國時期」的競爭，給予旺旺其他事業群最好的策略範本，也就是說，外來的競爭往往讓旺旺的產品行銷能力更強。

旺旺主管就指出，如果沒有各種地方品牌及個體戶的競爭威脅，旺旺一直處在獨大的地位，可能就不會再積極尋求突破和進步，只要求每年成長百分之二十就好了。反觀有了競爭者的威脅，旺旺不但會更注重質量的差異化、成本的掌握及先進的製造技術，成長的動力也更強，加上眾多競爭者炒熱了市場，更讓市場範圍慢慢擴大。

二〇〇八年九月，旺旺第一次在香港召開上市後的投資分析員會議（台灣稱為「法人說明會」）時，集團執行董事蔡紹中就指出：「不知各位有沒有注意到，只要是旺旺拿到市場份額第一名的產品，就很難找到第二名！」

很難找到第二名，主要是第一名和第二名差距太大，第二名根本不算主要競爭者。以米果為例，旺旺在中國米果市場所占的市場份額為百分之七十左右，而根據「ＡＣ尼爾森」的報告，與旺旺最接近的競爭對手，每一家的市場份額皆不足百分之四，連第一名的十五分之一都不到；除此之外，因為第二名經常變動，也就很難找到固定的「第二名」。

不只是米果、小饅頭、碎碎冰等產品，其他像是前兩節提到的「旺仔牛奶」及「ＱＱ軟糖」，分別都占有百分之四十點六及百分之二十八點五的市場份額，即使ＱＱ糖的市場份額稍低，但比最接近的競爭對手仍多出一倍！

高價產品與低價產品分打「兩極策略」

「旺旺第一的產品，很難找到第二名」的原因，除了產品特色之外，主要原因有二：

一是以市場領導地位，維持全面產品市場份額的優勢。早先旺旺一直認為，以一家國際級企業來說，所有產品推出時應該先打「高階價位」市場，等到高階市場飽和之後，再逐步發展中、低價位市場，而要打到中、低價位市場，可能是好幾年以後的事了。

但是由於地方品牌的競爭，讓旺旺提前攻占中低價位市場。從二〇〇五到〇六年開始，旺旺許多的成長，其實是從競爭者手中奪取來的，而這也有兩個重要意涵。

首先，競爭者手中的市場並不是旺旺自己所拓展的新市場，這等於是讓競爭對手先去搶灘，旺旺再行進占，用更低的成本和更突出的品質來接收競爭者的市場。

「雖然要流血，但我們的勢力範圍更大了！」廖清圳說，旺旺現在具有攻占中低價位市場的能力，同時也保護了高價位市場。

但是負面的意涵，仍是犧牲了相關利潤。所以，旺旺開始更強化「兩極策略」，這也是「第一名」和「第二名」繼續拉大差距的第二個原因。

以米果來說，所謂的「兩極策略」，是指高價位的品牌行銷必須要突顯「旺旺」品牌的尊貴之處，以及其他品牌所沒有的價值。例如在原料方面，旺旺不但採用東北大米，更使用「綠色大米」，也就是沒有用到汙染性農藥的產品。他們未來更會朝向「有機大米」的目標，強調環保、健康，以之突顯品牌價值。

另外在口味方面，「旺旺」這個品牌也要開發新產品、新口味，拉大和競爭者的差距。只要是別人沒有的產品，就可以賣比較高的價格，而且不會陷入低價競爭。

另一方面，旺旺也確立各種副品牌作為「戰鬥品牌」，志在「消滅敵人，不在賺錢」，以副品牌來經營中低價位市場。這一類產品基本上不做廣告，只用殺價來競爭。（詳見第六章第四節）

旺旺便採取這種策略，以特色產品追求第一，於是和第二名的差距也就愈來愈大了。

等到站穩了制高點，旺旺便善用「規模」來壓制對手。例如旺旺米果因為量大，最終進料成本比對手低，而且購買大陸設備一年之後，就有辦法用這種設備做到和日本設備一樣的品質。「到後來，也就分不清楚哪些設備生產旺旺品牌的產品、哪些生產副產品了。」廖清圳指出，品質達到一致之後，更可以隨時調配生產線來生產各種品牌。

第4節
有嘴有錢，就有市場

看著今日旺旺創造出來的廣大市場、每年締造的驚人營業額，再回首過去在中國一路走來的足跡，其實包含了極其寶貴的市場經驗。

「五千年來，中國市場第一次開放，大家要好好把握！」這是蔡衍明的肺腑之言。旺旺從一九九四年開始在中國投產米果以來，第一年就大幅賺進二千萬美元，九五年更賺進四千萬美元，這讓旺旺感受到市場不但已經存在，而且還不知道邊界在哪裡。

無界無邊的中國市場

不單單是米果，旺旺發現可以經營的休閒食品太多了，主要是市場一片荒蕪，由企業家之眼看起來，機會實在太迷人了。這就像美國十八世紀的西部拓荒年代，誰的馬快、誰的膽大，就能圈出最大市場。前任AC尼爾森集團董事長艾勵達（Alistair Watts）很早就有名言：「每一個人每一年買一罐洗髮精、一瓶酒，市場就不得了了！」

更早抱持這種理論的是可口可樂。這個理論過去遭到質疑，因為大陸人以前的消費能力還買不起可樂，但是等到消費力提升上來之後，可口可樂多年前看到的市場景象就出現了。

蔡衍明指出，當初來大陸時，真的覺得什麼都能做、什麼都想做，因為台灣企業很有工業生產基礎，只是業務和工廠組織一時間跟不上而已。

林鳳儀指出，他們想要加速投資市場，但即使把旺旺前一年所有的利潤拿出來全數投資，腳步也太慢，緩不濟急，於是一方面加快了股票上市的腳步、加速資金募集（詳見第十章），另一方面也不斷開發新產品來搶占市場先機。而所謂的「搶占先機」，包括了開發新口味和推動新產品，這正是旺旺產品「多元化」的開始。

在蔡衍明的觀念中，正在成長的年輕消費者喜歡新奇的口味，而消費者其實是可以「教育」的，口味是可以「培養」的。

就像當年可口可樂到中國銷售，其口味同樣也面臨市場接受度的問題：對許多中國人來說，喝可樂像「喝藥」，而中國人是喝茶的，一時間無法接受這種碳酸飲料。但是透過行銷再行銷、廣告再廣告，不到幾年之後，年輕人先接受了。

麥當勞、星巴克也有類似的狀況，同樣會遭遇到「口味」問題，而雖然許多老年人不容易接受，年輕人卻很喜歡，在蔡衍明眼中，這就是「行銷」的力量、也是「教育」的力量。旺旺便是透過「廣告」來教育消費者。

另一方面，林鳳儀也說，由於旺旺的產品是休閒食品，並非「主食」，所以不會為了迎合不同消費區域而推出不同口味，例如在四川也不可能推出「辣味」米果，因為這樣就不像「米果」了。所以旺旺每推出一種新產品，都採取「口味全國一致」的方式，並沒有因為區域不同而有不同口味，然後透過

「教育式」的行銷，做到「市場有增長，我就有增長，市場沒增長，我還是要增長」的目標。

至於在開發大陸新產品方面，一種是把在台灣原有的產品，直接帶到大陸上市，像是小饅頭、仙貝、米果都屬這一類；一種是直接在大陸開發，台灣買不到這種產品，像旺仔牛奶、QQ糖、邦德咖啡、碎碎冰等。目前旺旺有百分之七十的產品主要在大陸銷售，台灣買不到。

不做市調，而從「應有的市場」推估真實商機

至於新產品上市之前的市場調查，蔡衍明直陳：「做調查？我們公司沒大到那麼大吧？而且做調查，是在萬一賠錢沒有人要承擔責任時才做。」

市場調查的資料主要有兩大問題：第一是「市場疆域」的問題，第二則是「調查方法」的問題。

二〇〇八年在香港舉辦的法人說明會上，蔡衍明毫不掩飾他的質疑：「有時我聽到市場的成長預期覺得很奇怪，因為數字完全兜不起來，」

舉例來說，有些國際調查機構認為，旺旺在中國已有百分之七十的占有率，但有些機構又預期，旺旺明年會有五成以上的成長，如果真能成長五成，乘以七成的市占率，這個數字加上原有市場，豈不是大於整個市場？

這也代表：整個市場有多大，根本沒有人知道。某一種產品的市場很可能一直擴大，而且擴大的速度呈現爆炸性的倍數，不是現階段市場機構可以推估的，也就是說「市場疆域」無法確定。

台大國企系教授趙義隆指出，中國「市場疆域」無法確定的原因主要有三，一是人口的消費能力一直在變化；二是通路的管道一直在變化；三是市場以不規則倍數成長，新食品的品項一直在變化。這些

都是中國市場的特色。

在消費能力的變化方面，儘管人民平均所得仍低，但是近年來中國大城市消費水準直追國際城市，消費變化之快速，常常讓外國人大為吃驚。

而在通路變化方面，主要是現代零售業開始在中國生根，不但在大城市有大型國際品牌賣場，連中級城市甚至鄉下也出現中型賣場，並冒出各種零售連鎖店，再加上「互聯網」興起，十三億人口市場上的各種通路變化，在在左右了新的市場疆域。（詳見第九章）

食品的品項方面當然也是推陳出新。有些食品一推出立刻受到市場歡迎，而有些食品可能必須經營數年，等到消費者觀念成熟了，才會呈現爆炸性成長。更有些食品受歡迎一陣子之後，突然間消聲匿跡，因為馬上被更新的其他產品取代。所以，旺旺的行銷人員都謹記著蔡衍明的名言：「有嘴有錢，就有市場。」

「有嘴」指的是人口數目，只要有人就要吃飯，就想嘗試新的口味；「有錢」則指消費能力及經濟成長。中國實在太大，從「有嘴」和「有錢」來推估市場，可能比市場調查更接近真實的商機。

旺旺獨門的「應有市場論」

觀察國際機構的市場調查方式，會發現許多適用於國外的方式不見得適用中國市場，主要是國情不同、生活方式不同。舉例來說，中國人對於送來試吃的東西，幾乎都齊口認為「好吃」，深怕下一次別人不送了。

另一方面，中國人好面子，也許不會買的東西，在試問時也會假裝要買。再者，中國幅員太大，容易讓市場調查數字失真，使得許多調查束手無策。在這樣的狀況之下，如何設立市場目標？

對此，旺旺自有一套算法。而且以這種算法，旺旺自認為只做到中國市場的一小部分。

旺旺是以「應有市場」做考量，基本想法是這樣的：根據中國政府統計部門每年公布每一省的「人口數」與「消費指數」，可以加權計算出「參考基數」。例如上海的參考基數是一百，湖南長沙可能是七十，四川成都是六十，廣州可能是九十五。

如果米果在上海賣到一百，湖南長沙賣不到七十，只賣到五十，那表示在長沙賣得不夠好。旺旺便是運用這樣的觀念，而不是以「絕對數量」來衡量不同地區的市場行銷狀況。

旺旺有眾多產品，就不必一項項訂定上海該賣多少、其他地方又該賣多少，而是以「某地實際上已達最好的銷售成績」為基準，最好的成績代表已經做到的，以之當作標準，而做不好的地方表示發展空間愈大！

用這樣的標準來評估市場銷售情形，會發現有很多地方的銷售成績做得不夠好，而且所有產品都可以用這種方式進行分析，這正是所謂的「應有市場論」。以旺旺內部的分析結果來看，會發現許多市場其實都做得不夠好，許多產品還有很大的成長空間，很多地方一年要成長兩倍、三倍都是有可能的！也許以目前的情況可能還做不到，有許多條件需要努力達成，但是對旺旺來說，市場是存在的。特別是對食品產業來說，中國市場的成長空間相當大，而在經濟狀況不明的情況之下，旺旺就是用「應有市場論」一步一步評估新產品的市場。

對歐美成熟國家來說，市場占有率是很重要的指標，但在中國卻沒有這麼重要。在「飽和市場」中，區區幾個百分比都代表敵消我長，但是中國的市場疆界還未定，占有率又有何意義？明年的成長率也許是今年的幾百倍也不一定！

「數據會說話，但是你聽得懂嗎？」這是蔡衍明的名言之一。他解釋，大部分人的經驗到最後都沒有用到，主要就是有「經」無「驗」：只有經歷過，但是沒有深刻體驗。

中國市場很「刺激」，因為十多年前進入時，大家都是從零開始。林鳳儀親身體驗了這一種「刺激」，像十多年前，沒有一項產品可以賣到全中國所有省分，十多年後卻可以了。不管是中國本地或是國際品牌，都要用自己的頭腦和方法去了解市場、開發市場。

「只要產品有特色，創造市場都有機會。」林鳳儀回憶起從無到有的經驗，他強調必須有反省能力，認清自己的條件是什麼，下一步要怎麼走，而不是想一步登天，這便是旺旺公司訓示中的「確實認識自己」。經過了十年的努力，旺旺其實也只占有市場的很小部分而已，但它最大的優勢也是在此：在這個快速成長的市場上，旺旺已經建立一個全國性的品牌。

第八章 破冰之旅

產品廣受歡迎後，立刻要面對的是如何大量生產、拓展銷售體系的問題。大量生產可降低成本，但選擇合作夥伴、緊盯品質都是關鍵，而衝高銷售的同時，如何維繫經銷客戶的關係、隨時反省進步，更是企業升級的大學問。

第1節 每三百公里方圓就有工廠

一九九五年之前，蔡衍明曾形容旺旺的產品「自己會跑到烏魯木齊」；早期旺旺在新疆的烏魯木齊還沒有營業所、經銷商，但是市面上就已經有人販賣旺旺的米果了。

產品自己會「跑」，其實是批發經銷商上山下海、一站一站地「拉貨」、把產品送到當地市場的結果。營運總處總處長黃永松還記得，有一位浙江台州的經銷商，在當時還沒有高速公路的情況下，每一個週末都風雨無阻、自己開著卡車，從浙江開十八個小時車程到湖南，就為了滿載著旺旺的產品，翻山越嶺回到浙江銷售。

「後來連路霸搶匪都認得我了，遇到他們，我就固定給五十元人民幣。」這名經銷商說，載著滿車的旺旺產品摸黑趕路，要盡量以和為貴。十多年之後，這名經銷商成為浙江省最大的食品經銷商，一年營收高達數千萬元人民幣！

亟待開拓的市場促成大量建廠

旺旺開始大量設廠，正是和運輸有關。

首先，米果、QQ糖、小饅頭等休閒食品的利潤雖然很高，但畢竟一包產品才賣幾塊錢人民幣，運輸的路途愈長，運輸費用占總體成本的比例就愈高。而且運費若以單位體積來計算，體積愈大，運費也就愈高。

旺旺很快就發現，在中國行銷米果等休閒食品，和在日本、台灣等人口稠密市場是很不同的。在大陸，長程運輸費用將是非常大的負擔。

其次，許多休閒食品具有季節性，特別是在中國，所以逢年過節之前如果遇到雪災、水災等天然災害，致使運輸受困，旺旺的損失會更大。因此，旺旺的產品若要快速銷往中國各地，不可能集中由幾個大廠來供應。

初期，旺旺也曾思考運用「中央廚房」的概念，就是由幾個大型生產基地來供應「生地」這種第一工程的半成品（參考第五章的米果製造流程），再運送到接近市場之處，進行第二工程、第三工程的燒上、膨發、包裝等流程，以便快速出貨。

但最後發現，在運送過程中，「生地」的品質變化和損壞率不易控制，最後決定擱置「中央廚房」的概念。

但經過這樣的思考，管理階層討論出一個結論：生產基地一定要接近市場！其實工廠規模不一定要很大，只要能提供新鮮產品、補貨快，就能滿足當地市場。

也因為工廠規模不用太大，建廠成本其實不高，最重要的反而是建廠速度要快。於是從一九九五年起，旺旺開始盡量設廠。「我們的目標是每三百公里方圓之內，都有自己的供應基地！」現任旺旺集團技術長的林鎮世說。

自從一九九五年到二〇〇八年之間，旺旺在全中國總共建造完成將近一百個廠房。誠如二〇〇八年，旺旺在香港上市時的公開說明書所言：「我們在全中國的戰略地區共設有三十一個生產基地及九十多個廠房，這些龐大的生產基地鄰近我們的目標市場，讓我們能盡量『提高市場滲透度』及『增加分銷效率』。」

大量建廠的第一契機：善用優惠政策

為什麼在短短十三年內，旺旺可以快速建起將近一百個廠？主要有兩個原因：一是善於運用政府政策，特別是國外設備進口減免稅的優惠；二是順應縣市地方的發展需求，善選合作夥伴，快速複製湖南的建廠經驗。

第一波建廠高潮，就是從「抓政策」開始。

一九九三年，湖南廠剛開始動工時，旺旺也緊接著投入一千萬美元興建南京廠，緊緊抓住當時大陸吸引生產性外商投資的「二免三減半」優惠條件，即頭二年免徵企業所得稅，第三至五年減半徵收企業所得稅，並享受國家開發區的低稅賦百分之十五（一般省籍企業是百分之二十五）。

當時負責在南京設廠的現任旺旺集團總監王仁銓，在五個月內就蓋出十四公尺高、一百三十公尺長、三十公尺寬的廠房，主要是以生產煎卷、果凍為主，供應華中地區；另一方面，以生產飲料、雪餅為主的杭州廠也同時動工，由郭明修協理負責，供貨給華東市場。

接著在一九九五年，瀋陽廠和成都廠也陸續開工，分別供應產品給東北市場和西部市場，接下來三年又平均在華南、華中和華東地區繼續設廠。

到了一九九八年，設廠進度又到達另一新高點，主要是中國政府為了進一步鼓勵來料加工、獎勵企業買進國外設備，從一九九八年起的進口設備增值稅百分之十七全都不收，以之獎勵廠商投資。

生產米果等休閒產品最昂貴的部分就是進口設備，動輒上百萬美元，所以旺旺趁第一波機器免稅的政策大興土木，幾乎每兩個月就有一個新廠落成。

大量建廠的第二契機：善選合作夥伴

第二波建廠高潮，則是一方面順應地方的發展需求，尋求合作夥伴共同建廠，另一方面也以大量興建廠房來嚇阻後進的競爭者。

誠如第六章第四節所言，二〇〇〇年開始，大陸國內業者眼見米果的「高利潤、高成長」有利可圖，加上開發出大陸本地製造的機器，於是有愈來愈多的跟進者加入戰局，導致旺旺米果從原本的售價每公斤五十元，跌價百分之四十以上。

於是，旺旺擬定新策略，推出「黑皮」、「米太郎」等副產品來打擊競爭產品，也就需要在最快的時間內生產出比較便宜的產品。

如此一來，旺旺必須在大陸各地興建大量且價廉的廠房，擴建更多生產線、加大產量，以便降低成本。但最大的挑戰是一方面要同時蓋很多工廠，另一方面又怕過度投資、資金調度不及；就在風險愈來愈高時，蔡衍明突然想到，中國各地都在找人投資，為何不和別人合作，在全中國一起蓋廠房？

蔡衍明的構想是這樣的，旺旺有「製造技術」和「現代化管理」，地方上的合作單位只要「出土地」和「建廠房」，雙方如果能合作，旺旺解決了擴大製造產能的問題，大陸地方政府則解決了不會商業開發、勞動就業過低的問題，何樂不為？

但是這個「靠地方免費建設廠房」的概念，讓許多幹部心中存疑：別人吸引你來投資，不就是希望你來建設嗎？

「當時集團裡有許多人認為，政府怎麼可能提供這種條件？我則說，不試試看怎麼知道？」蔡衍明回憶當時情況時表示。於是，蔡衍明寫信給各個縣政府，強調旺旺想在貴寶地投資，條件是希望能由對方尋找土地、蓋好廠房，供旺旺租借。

恰好當時中國大陸正值招商引資熱潮，各個地方政府之間也充滿競爭。蔡衍明剛剛發出一千多封信到全中國，馬上就接到各省市的許多回音，主要是他的提議正好符合地方政府的需要，可以解決農村的剩餘勞力問題（詳見第二節）。

於是，旺旺馬上到各地進行評估、比較，只要有地方政府能快速建出廠房，旺旺立刻進駐。由於五個月就能蓋好一座廠房，加上租金便宜，運用本土化機器又可讓成本更低，因此能夠做出每公斤十元以下的產品，從而把那些準備以低價競爭、剛起步的對手擠出市場。

這一批興建的廠房稱做「瑞麥廠」，例如江西瑞麥廠、山東瑞麥廠、河南瑞麥廠等，正是善用大陸合作夥伴、複製過去建廠經驗，達到大量建廠的第二波高潮。

快速擴張之際，更要緊盯產品品質

「等於是全中國想要招商引資的內陸省分，都在搶著幫旺旺蓋工廠啦！」軍人退伍、現任總監的王仁詮指出，內陸各省分渴望外來投資，剛好能讓旺旺的「戰力」完全發揮。

王仁詮認為「戰力」的定義，是「火力」加上「速度」。在火力方面，是指「設備與人力素質」，這是說旺旺和一些食品大廠不同，不會花大錢去培訓員工，而是把員工直接送上火線，直接在工作崗位上由資深主管加以訓練，以便爭取時效。就算剛開始不熟練，但是經由反覆檢討改進，反倒成為寶貴的「教育訓練」。

速度，指的是克服困難的能力。旺旺進軍大陸的前五年，最常碰到的問題是基礎設施不足，如電力問題等，像南京平均一年斷電四百多次，王仁詮在當時簡直快崩潰了，因此旺旺的許多廠房設有保安電路，萬一停電的話，米果不會烤到一半停下來，走到一半的產品流程還是可以順利走完。

旺旺廠房的興建決策，最初主要是由各事業群擬定，考慮的因素包括接近市場、原料取得方便及政策優惠等。等到廠房的數目多了起來，有一些共同的成本可以彼此分擔，像是土地、公關、行政等等，這時就出現了「總廠區」的概念。

所謂「總廠區」，必須包含三種事業群以上的廠房生產線，就可以升格為「總廠」，通常包括米果事業群、飲料事業群、糖果事業群、休閒產品事業群等廠房，而總廠長必須有一定的歷練，能讓整個廠區的成本和生產效率發揮到極致。

但是蔡衍明也意識到「建廠太快」，生產事業固然全力擴張，但品質一定要跟上。

「旺旺的品牌力愈強，品質風險就愈大。」蔡衍明強調，如果品質問題不能解決，旺旺永遠只是一家「三流公司」，所以必須追求「品質」，每一個事業群和生產總處都要負起品管的責任。

旺旺的做法是就每一類產品的生產線，規劃出一個作為模範的「示範工廠」。這個「示範工廠」的責任，除了有效率地生產產品，也要將流程進行「標準化」，包括品保的流程重點和細節、系統的最佳化、研究開發出更好的作業方式等，全國其他的工廠就按照示範工廠的流程來發展。

蔡衍明希望把累積的生產知識逐步做一番大整理，寫成案例，做到「經而有驗」，並且傳承下去。畢竟人的能力有限，必須全員參與品保，才能看出更多盲點；每個人都關心品質、隨時提醒自己，品質才會愈來愈好。

品保的最基本觀念：不斷反省，追求進步

旺旺經過十多年的擴張，設立了將近一百個工廠，從總廠長、廠長一直到組長、作業員等，各單位的人員從任用資格到工作職責等方面，都需要書面的規範，所以工作手冊是很重要的。如果說，員工的職務教育是旺旺的根本，則工作手冊等於是教材。「教材編得好，才能教出更多好學生。」蔡衍明如此強調。

也因此，蔡衍明要求各事業部的總部要時常研究手冊、不斷改善，如果有新的案例就要趕快加入。持續研究、使手冊臻於完善是非常重要的，因為工廠或是營辦人員若發生事件，如果手冊中有所規範，而當事人沒有依手冊規定處理，就是當事人的責任；但如果沒有在手冊中制定規範，則相關部門要承擔責任。

蔡衍明回憶，「米果之父」槙計作時常提醒他，「品質保證」的最基本觀念，是不斷反省和追求進步。雖然時時注意品質，但如果沒有不斷反省、追求進步，其實很多地方會不知不覺地退步，所以表面上來看是進步了，事實上只是維持現狀而已。

第2節
孤獨的業務代表

背後是中國的整幅地圖，曾任上海總部配銷處處長的林南山坐在辦公室裡，回憶十多年前到陌生的城市開設營業所、招募批發經銷商的巨大壓力，那時他晚上回到旅館根本不敢關燈睡覺。「最慘的是，睡著之後馬上開始作惡夢！」林南山說。

林南山不是旺旺第一位在大陸負責銷售業務的台籍幹部，不過是第一位由生產製造體系轉為銷售營運的台幹，第一個任務就是到沒有營業所的省分開疆闢土，打造批發經銷網路。

林南山指出，那時公司在新加坡上市成功，準備積極在中國布建通路，所以長官要他考慮轉做業務時，他毫不猶豫就同意了。

開始在各級城市布建營業所

不敢關燈，主要是人生地不熟，出了問題不知要找誰；會作惡夢，則是白天壓力太大，因為不管是新召募的員工還是新開發的客戶，沒有一個是認識的人，所以神經繃得很緊，晚上睡覺常常驚醒。

「那時我每到一個城市去設立營業所，就要花上至少一個月時間，從挑選幹部開始，還要走出去了解當地的市場。」林南山說，過去到一個地方去建設生產基地，至少會有四、五位台籍幹部做伴，但是尋訪批發經銷商、建立營業行銷據點，都是單槍匹馬。

隨著旺旺的產品愈來愈多元、經銷商愈來愈多，營業所的功能也愈來愈重要。營業所的第一項任務是負責開發新的批發商（包括經銷商及零售商），也就是所謂的「開客戶」。經銷商會把產品批發到更多的零售商店，所以經銷商「開」得愈多，意謂著業績可以在最短時間內成長。

營業所的第二項任務是控制經銷商的數目，主要是防止經銷商過度集中於某一地區，避免經銷商之間的惡性競爭。有一段時間，業務代表為了衝業績，讓經銷商數目暴增，因此營運總處總處長黃永松指出，如何在開客戶之際，又能保障他們的經銷權，是業務代表的重要責任。

許多地區市場之間會彼此重疊，為了讓善於搶進市場、建立發貨網絡的批發經銷商不會跨入別人的地盤，必須有更多的聯絡和協調。這正是「業務總監」的特別任務，目前全中國有三十多位業務總監，幾乎是一省就有一位擔綱大任。

營業所的第三項重要任務，是按照總部的要求進行營銷或推廣活動。特別是新產品上市及重要節慶時，營業所和批發經銷商要全部「動起來」，舉辦一連串的活動，強化旺旺的品牌優勢。

第四項任務則是管理經銷商和零售商的銷售訂單內容。營業所必須了解批發經銷商取得的訂單價格，注意有沒有任意哄抬或是削價競爭，以及是不是符合價格政策來銷售產品等等。所有的銷售狀況都記錄在存貨管理系統中，營業所可以控制經銷商的銷售狀況及存貨程度。

另外也要注意訂單的數量規模。營業所一方面要協助經銷商儲備足夠的存貨數量及保存期限內的新鮮產品，以便出售給最終顧客，另一方面也要預防批發經銷商進貨太多、造成囤積，所以營業所代表必須定期巡視、拜訪經銷商及零售商。

以林南山在一九九七年到山東省建立批發網路為例，他先以山東省省會濟南市為據點，再向周邊城鎮擴展。當時山東省人口總共有八千萬，包括十七個地級市（舊稱省轄市），他花了一年的時間全部走一遍。當時高速公路還不發達，兩兩地級市之間往往相隔二、三百公里，接近台北到高雄的距離。

他常常每天凌晨一、兩點出發，天亮時正好到下一個城市；每到一個城市，他先去觀察當地的批發市場，下午和批發經銷商開會，晚上回到宿舍時，通常又是凌晨一、兩點了。「非不得已時，還是要在外地過夜。」林南山說。

值得慶幸的是，一九九七年他到山東設立營業所、「開客戶」時，山東的單月業績最高是七百萬人民幣，等到一九九九年他離開山東時，單月營收已達到二千二百萬人民幣，成長了三倍之多。

山東是屬於華中市場的範圍。旺旺把全中國分成七大市場區域，分別是華東、華中、華南、華北、東北、西南、西北，再根據七大市場區域的人口數，一省一省地開拓經銷商。直到二〇一二年為止，旺旺在全中國總共有三百五十六家營業所，來服務全國的八千多家經銷商。

面對經銷客戶時，業代要做最好的準備

有時候，經銷商常常在業務代表的壓力下大量進貨，表面上業績成長了，「但是實際上只是把我們的庫存移成客戶的庫存而已。」林南山指出。如果經銷商沒有確實地把貨批發出去，並受到消費者喜愛和認同，業績的來源是不穩定的。

業務代表在第一線面對批發經銷客戶時，經常得看客戶的臉色，甚至遭到客戶的拒絕，久而久之很容易失去自信。

加上一個人離開辦公室在外面跑業務，沒有同事長官隨時在旁關心或提醒，所以蔡衍明最常提醒營運主管：「業代是孤獨的！」

業代的「孤獨」，其實是來自資料準備不夠、對產品特色了解不夠，很容易遭受客戶的打擊，甚至

遭受競爭產品的打擊。於是，旺旺開始將所有任務細節編寫在手冊上，每天要做什麼甚至每週、每月要做什麼事情，都制定得很清楚。而且，營運總部每個月都會修訂最新的規定，讓手冊內容更加務實，不只是一項項條文而已。

後來，旺旺進一步把業務手冊稱作「必知必動手冊」，而且不同的職位有不同的「必知必動手冊」。這是把業代「武裝」起來的第一步，使各級事業單位落實「定崗定編」，即確定各自的崗位和崗位編制，並把業務制度及培訓工作全都書面化，也追求「精緻化」和「細節化」。

第3節

由道歉信展開「破冰之旅」

中國有神通廣大的批發經銷商。二〇〇〇年以前，只要是有特色的產品，全國各地的經銷商都會跑上門來要貨，讓營業所內的業務代表幾乎只要坐鎮辦公室就好了。

「唉，當時我們都是屬於『坐』銷，而不是『行』銷啦！」營運總處總處長黃永松感慨地說。這些批發經銷商會將旺旺的產品分銷到各大城市，以及城市以外地區（例如縣、鎮、村）的較小型經銷商，即一般所謂的「二批」，就這樣將通路愈分愈細，最後達到銷售目標。

旺旺和批發經銷商做生意是「一手交錢、一手交貨」，甚至「先收錢、再交貨」，即先前所言的「款到發貨」，收帳完全沒有風險。但是大賣場直營通路則不然，規模愈大的國際性連鎖賣場，談判姿態和架子愈高，貨款往往需要三到四個月以上才能回收。

至二〇一一年底為止，旺旺在全中國共有八千多家「批發經銷商」，以中國五級城市中的「第三級城市」（也就是所謂的「縣級市」）大約有二千五百個來計算，表示每一個縣級市平均就有四個批發經銷商為旺旺鋪貨！

中國實在太大了，因此發展經銷體系是目前食品及飲料市場最有效的做法。於是，旺旺在中國發展十多年來，將「批發」分銷通路及「直營」分銷通路的比例維持在八〇：二〇。也因為幅員廣大，所以總部會出動「廣告轟炸機」，在推出新產品時大量密集播出廣告。

於是，有各地這些雄心勃勃、努力發展的個體戶批發經銷商之助，在二〇〇三年之前，旺旺的營收成長都在兩成以上。高成長固然是好事，但久而久之，各個營業所變得只看數字，對經銷商客戶的服務也漸漸鬆懈下來。

提防「只求業績卻漫無章法」的惡性循環

到了二〇〇四年，「經營數字」開始出現疲軟的警訊：不僅營收不再成長，連利潤都下滑了一個百分點！而在經營會議中，業務主管也提到：「我們的業務員去拜訪客戶，竟然被趕了出來。」

這點暴露出旺旺和經銷商之間過去一起成長的關係開始生變了，主要原因有三：

第一是為了衝高業績而亂開發客戶。

旺旺的產品種類很多，因此必須要常常尋找新的批發經銷商。有一些老經銷商從很早以前就開始合作，他們幾乎代理經銷大多數旺旺的產品，但是久了之後問題來了，經銷商畢竟精力、人力有限，不可能把所有產品都賣得很好。

另一方面，經銷商能夠周轉的資金是有限的，特別是要求「現金交易」的情況下；即使想給他們經銷更多種類的商品，但是進貨的「總金額」就那麼多，因此把所有的產品交給一家經銷商其實是沒有意義的。為了避免同一經銷商會產生資金排擠效應，吸收新的經銷商就變得是成長的重要關鍵，旺旺稱之為「開發客戶」，簡稱「開客戶」。

旺旺的業務代表為了衝業績，開始大量的「開客戶」，一方面是希望批發出更多的商品，而另一方面也希望客戶（經銷商）之間彼此競爭，把市場大餅衝大。然而，這種「開客戶」的方式如果沒有嚴謹的規範，不但沒有保障原有客戶的權益，也會造成他們對旺旺的不信任，反而不願意全力投入市場鋪貨、為新產品衝鋒陷陣，造成另一種惡性循環。

第二是經銷商彼此競爭而大量壓貨。

很多經銷商之間彼此競爭嚴重，如果判斷有些產品可能缺貨，訂貨的數量可能大幅超過實際的銷售量，雖然要先付貨款，但把貨品全部搶在手上，可以阻斷別人進貨。

要是運氣好，產品賣得不錯，就可以大賺一筆；萬一不好賣，則退貨，但是退貨很難再轉賣，因為已經接近保存期限，而消費者都想買新鮮商品。根據旺旺的觀察，保存期限一年的產品，只要過了半年，就開始乏人問津了。

「只做業績，不顧市場現況」是許多業務人員的盲點。業務代表為了達成業績，往往只希望客戶拚命進貨，不管產品是不是庫存過多、造成某種假相，完全只從「賣出產品」來思考，而沒有從「經銷商品」的角度思考，

第三是過分承諾，無法兌現。

經銷商進貨達到一定的額度數目時，一般食品公司都會提撥不同的貨款比例返還給經銷商；或是進

貨達到一定的規模，就有更優惠的進貨折扣。這在食品業界稱為「返利」，目的是希望鼓勵經銷商客戶賣得愈多、賺得愈多。

然而如果沒有嚴加規範，業務代表甚至會承諾付給經銷商更高的「返利」，鼓勵經銷商進貨更多，而經銷商進貨得愈多，其實業務代表的「獎金」也愈多。但是業務員流動率高，結果常常發生業務代表離職了，經銷商氣沖沖地找上門來，要求履行業務代表之前的承諾，可是分公司根本無法兌現這樣的承諾。通常經銷商會把這筆帳算在「旺旺」頭上，認為旺旺欺騙客戶。

誠心面對客戶關係的冰點

蔡衍明知道，過去因為做得太順，業務大幅成長，因此監督工作難免容易鬆懈。到了二〇〇四年，全年結算發現整體業績停止增長，蔡衍明認為大幅整頓公司的時刻到了。

二〇〇五年一月，一萬多個經銷商都接到由旺旺集團營運總處總處長黃永松親自署名的一封信，開宗明義強調：「在新年即將來臨之際，請各位老闆共同接受旺旺所有行銷人員洗心革面的決心，關注我們提高服務質量的行動，督促我們市場管理的強度！」

接到這封信的一名經銷商指出，過去旺旺很少用「這樣的語氣」和經銷商溝通，包括「洗心革面」等帶有道歉意味的字眼。而這一封信更做出「十大宣示」：

以自我檢討反思展現共同決心

以自身改變提高與贏得您的信賴

以服務業的標準接受大家檢核
以您旺我才旺為市場服務總目標
以盤價優化管理提高老闆利潤
以產品供貨量管控維護流通秩序
以批市或縣為單位設獨家客戶
以服務質量提升促進產品的滲透
以層層檢核分級抽查兌現承諾
以總部與您的直接溝通增進合作

從這一封信開始，旺旺動員全中國上下的員工，揭開「破冰之旅」的序幕。

既然是業務出現了瓶頸，所以「破冰計畫」也從業務部門展開，強調每一個銷售環節的「全員大行動」。黃永松指出：「其實這是我們對客戶關係的重新修補！」

建立「有心」與「用心」的責任感

蔡衍明要對員工強調的是：從「破冰之旅」的第一天開始，未來發生任何業務不佳的狀況，都不會是客戶的原因，首先一定是反省自己，把想法改變成「客戶永遠是對的」，萬一有任何錯誤，「要先想到我們自己內部誰要扛責任，有責任的人必須接受處罰」。

過去旺旺的產品很好賣，於是把客戶的建議當做耳邊風，蔡衍明藉由「破冰之旅」想強調的是「每個人的責任」：自己部門出現失誤，就是自己的責任；生產單位品質不好、成本增加，是自己的責任；營業單位業績不好、客戶抱怨，是自己的責任；職能部門檢核不到、服務不夠，也是自己的責任。

在什麼位置上，就要負什麼責任，從而把過去像「結了一層冰」的客戶關係、自我反省能力、組織責任感等方面一次打破。此外，旺旺內部刊物《旺旺月刊》會公布獎懲名單，甚至在集團內部的表揚大會上宣布最後三名的「黑旗獎」，警惕業績最差的後三名，並且把照片公布在月刊上。

「破冰一開始，就像當兵的時候一樣，採取連坐法啦！」主管李鳴春形容。在軍隊裡，下屬犯了錯，長官必須負連帶責任；如果員工受到處罰，主管也脫不了關係，就這樣一層一層「把冰打破」，也因此，蔡衍明強調破冰是「全員大行動，全員擔責任」。集團要向二萬三千個家庭負責（當時旺旺的員工達二萬三千人），「我們要力挺『有心用心』的員工，淘汰『無心空心』的員工！」蔡衍明在《旺旺月刊》上這樣說。

不過管理處也強調，處罰絕不是要羞辱個人，而是要提醒大家，錯誤的觀念不要再犯，內部要趕快修正做法。也因此，處罰一定要「通告全國」，因為忍隱不發，就是一種姑息，會影響到集團的發展，等於是影響集團內的每一個家庭。

第4節

認真，就是專業

旺旺展開「破冰之旅」後，除了建立員工的責任心，也著手展開組織架構的改革。旺旺正式在總部成立「銷售管理處」，可與當時全中國一萬多個經銷商直接溝通聯絡。

在旺旺B大樓的十樓有一間「客戶服務中心」，二十多位年輕員工戴著耳機和麥克風不斷說話，他們正在和全國的經銷商通著熱線。

「你們地區的業務代表有沒有來檢查庫存？你們的打款金額有問題嗎？你們的市場有沒有發生竄貨殺價的情況？……」銷售管理人員仔細地一一詢問，也記下了經銷商的回答及詢問。這是旺旺的「銷售管理處」每天要做的事，負責執行「客戶」、「銷售」及「庫存」三大方面的管理規定。

管理銷售狀況的三大重點

在「客戶管理」方面，主要是管理「開客戶」的問題。主管徐志清指出，在一定的人口市場範圍內，只能有一定數目的經銷商，總部要直接保障客戶的權益；而另一方面，什麼樣的客戶適合經銷什麼樣的產品，也有一定的規定。「我們可以第一時間就從客戶端得知，業務代表有沒有切實遵守規定。」徐志清強調電話訪問的功能，要求查核「定崗定編」工作能夠切實執行。

在「銷售管理」方面，主要是針對「款到發貨」的原則是否受到切實遵守，以及有沒有切實檢視客戶的訂單處理、客戶的折扣返利有沒有確實登記發放等，讓客戶和公司的往來一切透明化，減少與客戶之間的糾紛。

在「庫存管理」方面，主要則是「供應鏈管理」的順暢，從客戶的庫存到工廠的備料都能達到最佳的數量。特別是休閒食品很注重新鮮度，但是產品又有「淡季」和「旺季」的區別，所以從生產到銷售的協調非常重要。

徐志清指出：「我們希望市場上賣的都是最新鮮的產品！」於是在「破冰之旅」之後，市面上賣的旺旺產品有百分之八十都是一個月內製造的產品。

事實上在二〇〇四年以前，各地的營業所都有「銷售管理課」，負責處理經銷商的銷售、庫存等問題，但是時間久了，監督工作如果沒有落實，業務和客戶之間就容易有「貓膩」（勾結）現象。徐志清指出，破冰之旅前，其實從盤價的管控到客戶最高供貨量等等都有一定規範，但業務代表和客戶之間常有違規的情況，可以說，「破冰之旅」只是落實原有的「定崗定編」原則而已。

不過在「必知必動手冊」印行初期，許多部門仍然按照自己的做法行事，對於手冊上的事項只是「參考用」，因為一方面怕麻煩，另一方面有許多老業務員認為自己的方式比較好。於是，旺旺總部的幕僚人員到各地去了解執行成效時，發現員工對於「破冰」根本是一知半解。

事實上，「必知必動手冊」的目的是要在最短的時間內讓組織健全，讓新任專員、新業務員能在最快時間內上手，也讓老業務員知道什麼不能做、什麼要趕快去做。黃永松指出，既然手冊上規定了，就應該全力進行，如果有哪個單位的方法比集團規定的更好，不妨大家一起改進，然後就是全力執行。

破冰之後則是抓緊各個細節，乘勝追擊

接下來的一步，則是精神上的武裝，也就是「乘勝追擊」。老實說，在「破冰之旅」的前三個月，蔡衍明觀察到效果沒有馬上顯現出來。

對外而言，原有的旺旺客戶仍在觀察旺旺到底是真改變、還是「喊喊口號」而已，畢竟要把客戶對於旺旺的感情和信任找回來，並不是一朝一夕就能見效。

對內而言，員工的改變也還只在「做事緊張」的階段而已，其實還有很大的「破冰空間」。於是從

二〇〇六年中開始，旺旺又舉辦幹部的「破冰晨會」，每一名主管都要在一天工作前二十分鐘，落實和規範一些工作上的細節。

「沒有細節的規範，等於沒有規範。」這是蔡衍明的名言之一。以行銷業務部門而言，從客戶調查、應收帳款、費用、庫存等，都要從細節抓起，才不會沒有方向感，「破冰」的效果也才能繼續延伸、乘勝追擊，甚至進一步做好「戰情追蹤」。因此蔡衍明強調的「乘勝追擊」，所謂的「追擊」主要是「追細節」。

所以破冰的第二階段，重點在於「組織的養成」，也就是讓「注重細節」成為組織真正的工作精神；事實上，「破冰之旅」的精神就是要將「細節」落實到每一項工作的流程。蔡衍明和幹部們分享自己的觀察心得，認為「細節抓得很緊的人，責任感愈強」，因為對於一項工作的細節關注度，正可體現出一個人的責任感。「如果把每一個細節都想到、做到了，就不需要忙於應付已發生的問題，也才會有更多時間用來規劃未來的發展。」蔡衍明感慨地說。

徹底改革組織的工作心態

旺旺不斷推動組織變革，表面上是因應市場變化帶來的挑戰，但蔡衍明真正強調的「變革」，更是員工內在的工作態度，以內心的轉變為基礎，則外在對人、對事的態度就會改變。「就是一種『誠』：時時刻刻在內心之中把持『誠心』、『誠意』、『誠實』，這樣員工才能有真正的改變、客戶才能真正改變、公司也開始改變。」蔡衍明補充說道。

變革的第一步，當然是服務的態度。配合著「破冰之旅」的改革，也要相應從態度開始改變，外在是對客戶、對經銷商、對消費者的態度，內在則是上級對下級、下級對上級、同事之間的對待，都要抱持「服務業」的心態。黃永松強調，不僅服務客戶，也要服務消費者、服務員工及服務股東。

第二步，蔡衍明強調的態度是要做到「以誠待人」。

改革過程中以誠待人，才能真正服人。蔡衍明認為，不管是創立一項新事業，或是推動一項開創性政策，靠的是「霸氣」，「非我不可」的氣勢很重要。但是，其中很多事情是急不來的，這時「以誠相待」更重要，而不是誰大聲就有用，所以集團各級幹部之間、對待下屬的說話口氣、用語內容都需要改善，總之「以誠待人」的態度是關鍵。

第三步，把「公司訓」謹記在心，隨時提醒自己。蔡衍明強調，如果事事能從自己做起，不要光是指責別人，整體的氣氛就會慢慢改變，員工的「參與感」會愈來愈強、更有心和旺旺一起奮鬥，這樣一來改革的推動也會更快速。「我們要推動的是改革，不是革命。」蔡衍明說。

旺旺抱持「大團結」的經營理念，不講究個人主義，卻很講究內在的反省及外在組織的變革。

「在旺旺，沒有人才和庸才之分！」蔡衍明常向各級領導幹部強調，每個人都有自己的才能，每個懷抱夢想進來公司的人，旺旺都希望給他們舞台。

從招聘開始，過程中最重要的是觀察應徵人員，看他們對這份工作是否「有心、用心」，是否會珍惜這一份工作，這樣招募而來的人員就會比較穩定、向心力較強，培訓起來也事半功倍。從這個角度來看，旺旺認為學歷並不重要，對工作執著更重要。

員工進來之後，第一要件是看主管是否會用人，是否將每一位員工放在合適的位置。蔡衍明強調，對每一個下屬，各主管一定要「以誠相待」，用心去了解每個人的長處；下屬對公司是否有向心力和凝聚力，也關乎主管如何培養他們，而因為旺旺的產品種類很多，培訓過程的內容和講師都很重要。

主管以誠相待之後，第二要件才是看這名員工的才能足夠擔負多少責任。一個人能夠挑一百斤的水，絕不要讓他來挑一百二十斤，以免灑了滿地，又要別人來打掃。

第三則是看這名員工的自信心是否足夠。蔡衍明認為能力可以培養，只要認真，就能真正做到專業，然後產生自信，也才能抓得住每一個機會。蔡衍明語重心長地說：「成天感慨懷才不遇的人，其實最該抱怨的人是自己。」

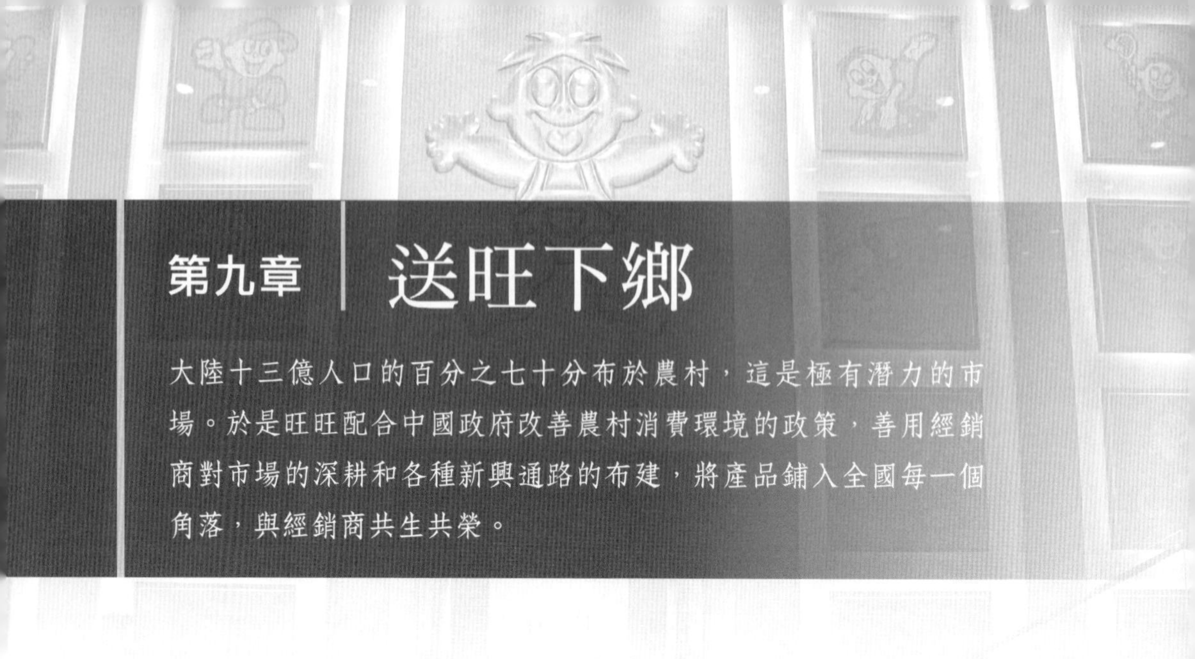

第九章　送旺下鄉

大陸十三億人口的百分之七十分布於農村，這是極有潛力的市場。於是旺旺配合中國政府改善農村消費環境的政策，善用經銷商對市場的深耕和各種新興通路的布建，將產品鋪入全國每一個角落，與經銷商共生共榮。

第1節 不是只有上海北京才有人民幣

中國大陸幅員廣大，做到順暢的運輸一直是關鍵問題。為了讓旺旺產品推廣至全中國，至少有三千輛從安徽「江淮重工」出廠的三千西西大卡車，車身漆著鮮紅的「旺旺紅」字樣，帶著旺仔娃娃的活力標誌，在全中國內陸二十五個省分的各個鄉鎮賣力奔馳。

這三千輛卡車稱為「送旺專車」，屬於旺旺的經銷通路獨有，運行深入大陸各省省會、地級、縣級、鄉鎮、村級等五級城市。每一輛「送旺專車」的價格約在五萬人民幣左右，旺旺先支付買車的車款，經銷商再用每個月營業額的百分之四來攤還，如果以一個月十萬元的業績來估計，一年多就可攤還完畢。旺旺先支付車款，等於是旺旺和地方的經銷商「一起投資」經營市場，讓旺旺的產品更快速鋪進鄉鎮市場。

「大陸到處都有錢賺」的深層意義

中國大陸的農村占有全國百分之七十以上的人口，都市只占百分之三十。儘管大陸農村每人的平均年收入不到一萬元人民幣，但旺旺是這樣看的：現在的農村生活肯定比十年前過得好，購買力約比十年前提升了三、四倍，占的人口數又這麼多，表示未來的成長空間是很可觀的。

以二〇〇三至〇六年間為例，大陸農村每人平均的食品及飲料消費，已達年複合成長率百分之十一以上，而城鎮地區同期的年複合成長率為百分之八左右，農村等於比城鎮多出了將近三分之一。

基於「城市以外的市場」有高成長的基礎，只要產品有特色，幾乎一定能占有市場的一席之地，也難怪蔡衍明強調：「大陸到處都有人民幣，不是只有上海、北京才有人民幣。」

這句話表面上的涵義是說，大陸到處都有錢賺，未必只能賺上海及北京人的錢。但是深究這句話，其實還包含三層涵義。

第一層涵義是：大都會市場、金字塔頂層市場的營運成本較高。大陸剛對外開放時，許多外資公司都認為大陸整體消費能力較弱，因此包括台商在內的外資企業，大部分都是專攻金字塔尖端的市場。

當時市場上主流的思想認為，大陸光是尖端市場的規模就很驚人，以十三億人口來估算，只要百分之五的有錢人，就有六千五百萬人，相當於台灣人口的三倍，所以大部分企業都瞄準這百分之五的消費市場。

但經過長期的經營，最後發現上海和北京等都會人口的錢最難賺，因為營運成本最高，租金、人工、通路費用都是最貴的，但是售價卻是一樣的。

抓緊農村消費環境改善的市場契機

第二層涵義：想要把市場做大，絕不能忽視中、低價位市場。

一般企業瞄準的是金字塔頂端的市場，這樣的思考沒有錯，但是旺旺的企圖更大，看見了另外百分之九十五的市場潛力，如果能把那個市場做大，就算在中國最貧窮的地方也一樣有錢賺。

中國人口太多，可以區隔的市場也很多，從最高檔到最低檔的產品，市場全都同時存在。然而廠商是否想要掌握中、高、低檔全部市場？或者只想做「高檔市場」？這就牽涉到定位的策略選擇了。

於是，隨著農村地區的消費能力增強，旺旺深信這個部分蘊藏著巨大市場潛力。

二〇〇五年，大陸商務部推出了「萬村千鄉市場工程」，希望在全中國建設二十五萬家標準化的「農家店」，改善農村的消費環境，並滿足農民生產生活的需求。這又成為旺旺深入農村的大好機會。

過去大陸農村的小賣店（台灣稱之為雜貨店）若不是環境很雜亂，就是黑心商品充斥，所以從二〇〇五年開始的三年間，透過政府安排資金，以補助或貼息的融資方式，引導一般只在城市、城鎮設點的連鎖商店和超市等流通企業，開始向農村延伸發展出「農家店」，藉由推動標準化，讓農家店成為更多產品的銷售平台。

第三層涵義：農村的高成長期會隨著政策而延續。

十三億的百分之七十，也有高達九億的人口，要把農村市場的店面從過去的雜亂無章，變成整潔衛生、乾淨明亮的店面，貨架上的商品整齊有序、分類擺放，各種商品明確標價，生產廠家、保存期限一目瞭然，著實是一大「工程」，但是政府確實一步一步推動符合這個市場的做法。

大陸所推動的「萬村千鄉工程」策略，是建立「城區店為龍頭、鄉鎮店為骨幹、村級店為基礎」的農村現代流通網路，這剛好符合旺旺深入鄉鎮的策略，也就是低檔產品一樣有錢賺，而且市場規模非常大。事實上截至二〇一一年底，大陸的「農家店」已覆蓋百分之七十五以上的縣城，突破六十萬家店。

批發經銷商的「深度精耕」大大開拓市場

至於要如何真正賺到「上海和北京之外的人民幣」、快速進占正處於高速發展階段的城鎮到農村的二、三、四、五級市場？除了有特色的產品之外，絕不可少的是旺旺當時一萬五千名批發經銷商所精耕的龐大分銷力量。

例如位於江蘇鎮江的「凱發商業公司」總經理沈友駿還記得，他是在十多年前第一次批購旺旺的產品，當時創業累積了第一筆資金八萬人民幣，他把其中一半的四萬塊錢全部拿去批購旺旺的產品，其他兩名合夥人都嚇了一大跳。沈友駿堅信旺旺是他們最大的機會，後來也造就了「凱發」這家年營收超過七千萬人民幣、江蘇鎮江最大的休閒食品公司。

「我當時其實是經過慎重的考慮。」沈友駿回憶當時的情況，那一年他三十歲，在「鎮江糖酒公司」這個國營企業做了十年、升到經理後，終於決定出來創業，但是身邊什麼都沒有，沒有資金、沒有運輸工具、沒有店面。

憑著在糖酒公司累積的人脈，當時經營飲料的廣東「樂百事集團」（後來受到法國達能集團收購）基於對沈友駿和合夥人的信任，雖然他們沒有錢進貨，還是願意放帳給他們。於是三個合夥人捲起袖子，親自送貨到鄉鎮的「二批」及其他零售終端店面，還曾經把兩輛三輪車的鏈條蹬斷了三條！

賣了兩年的「樂百事飲料」產品之後，終於累積了第一筆八萬人民幣的資金，沈友駿馬上決定找第二個品牌來經營，這時他開始研究旺旺的產品。

待過糖酒公司的沈友駿算是「老國企」，看過的產品不算少。當時旺旺一包八十四公克裝的雪餅要賣五元人民幣，等於一公斤達六十元人民幣，算是高單價產品，加上「款到發貨」的要求，看在許多國營企業體系出來的經營者眼中簡直不可思議，覺得根本行不通。

也因為旺旺要求款到才發貨，所以鎮江有八、九家有實力的食品公司都不敢經銷旺旺的產品。但是沈友駿有三個理由押寶旺旺：一是他多次試吃旺旺的產品，口味沒話說，每一片的品質都非常穩定；二是旺旺的包裝很突出；三是旺旺的廣告很有新意，比起其他產品強多了，於是他告訴合夥人：「上海、南京都能賣，為什麼鎮江不能賣？」沈友駿認為創業必須具備「超前意識」，於是租了一部「解放大卡車」，帶了四萬塊錢到南京提貨。

沈友駿是文革之後分配到鎮江糖酒公司的第一個大學生，他說自己最不喜歡賭博、不做沒有準備的事，所有的決定在三名合夥人之間都開誠布公，把風險指數降到最低，因此在創業之初就和其他兩名合夥人約定，三年內沒有做出成績就「散夥」。

旺旺的第一批產品，讓他們立刻撼動了鎮江的食品界，因為不但馬上賣光，向他們訂貨的終端經銷店和小賣店數量更多了三倍。凱發公司也把自己做旺了。

不過沈友駿很清楚，他們的成功是因為經銷的「品牌」很好，未來更重要的是自己要做好「分銷」工作，這才是真正的成功關鍵。

簡單來說，「分銷」就是依據不同產品的特性、分送到不同的通路。像是「五連包QQ糖」適合賣到小店面，「經濟包」適合賣到大賣場、超市，而新產品則是必須特別到終端零售店直接推廣。

多虧有沈友駿這樣進行「深度分銷」的經銷商，把旺旺的上百種產品推廣到成千個終端零售點，才能讓「旺旺」這個品牌在八千多萬人口的江蘇省開始生根。

城市與鄉村各要採取不同的品牌策略

而要占領大城市之外的廣大市場，旺旺還具有另一項優勢：愈鄉下，愈需要品牌。有品牌的產品，才能讓偏遠地區的消費者感覺有保障。大陸的新華網就指出，「萬村千鄉市場工程」的重要性，第一是切實解決了部分偏遠山區農村商品種類少、價格過高的問題；第二是保障了農民的消費安全，使農村的消費環境切實得到改善，真正做到買得舒心、用得放心；第三是帶動了農村消費升級，擴大農村消費。

而不能否認的，要進入一個消費能力較低的市場時，「訂定產品的價格」是一個重要關鍵。進入低價市場時，要用什麼方法比較好？對於許多企圖打進中國內需市場的企業來說，這是他們最想問的問題，因為大陸城市和鄉村民眾的收入和支出還是不同，不可能用同樣的品牌和品質進入低價市場。

如第六章第四節所述，旺旺用「副品牌」進入低價市場。副品牌採用低價設備、用當地的陳米，口感雖比不上正品，但品質還是有保障，正符合低價市場的消費能力。

這並不是說「品牌」在鄉村不重要。一般在上海，名牌的附加價值可以增加到百分之四十以上，例如別的競品賣十元，旺旺可以賣到十四元；但是在鄉下地區，別人賣十元，旺旺最多只能賣到十點五元，於是低價產品的策略就很重要。

如果產品在上海賣十元，而到了鄉村，當地的競品只賣兩元，你如何做出兩元的產品來滿足當地的消費者？當地人做得到，如果旺旺也做得到，廣大的農村市場就能據為己有。於是，旺旺積極用「黑皮」、「米太郎」等副品牌拓展農村市場，毛利率雖然略為降低，但是以既有的品牌形象，銷售量依然呈現倍數成長。

誠如第六章指出，旺旺有些副品牌產品甚至以低於成本的價格做流血競爭，因為在消費者能力有限的情況下，殺價競爭是價格導向市場的唯一規則，一直要到市場勝敗已定、有些廠商退出，才可能重新建立市場秩序、調整盤價。

到了二〇〇四年十月，旺旺對通路的掌握能力變高了，市場也恢復秩序；先前有些產品因為價格競爭而不賺錢，這時便可開始調整，於是旺旺調高了副品牌「黑皮」的售價。

從米果產品的營收金額來看，旺旺的主、副品牌分別占有不同的百分比，旺旺占百分之七十五，副品牌占百分之二十五；但是純就出貨的數量來看，旺旺可能占不到百分之五十，反而是副品牌的數量比較大，這也說明了「品牌」在不同的通路代表不同的意義，獲利過程及方式也不相同。

第2節
聯合大作戰

「我們不看到業務和貨車回來，夫妻倆絕不下班！」江蘇省常熟市「佳欣食品公司」創辦人陳玉祥堅定地說。每一條送貨路線都有業務專門負責，於每天下班前回饋最新市場訊息，這樣他才可以做好溝通和服務的工作。二〇〇八年，佳欣一年的營業額已做到一億人民幣，其中旺旺產品就占了五千多萬。

陳玉祥還記得，十年前他剛經營休閒食品時，中、低檔的食品是到浙江省義烏市去進貨，那裡長年號稱「全球最大的小商品批發市場」；而「高檔貨」如旺旺等產品，則要到上海曹家渡去進貨，再賣到昆山、太倉、張家港等經濟繁盛的縣級市，從學校、超市、批發市場再鋪到終端的夫妻老婆店（即雜貨店），只要能夠抓住的機會絕不放過。

優秀的經銷商奠定了深耕市場的基礎

問起他的成功之道，陳玉祥說，只要先確定了「銷售點」，送貨的路線就能穩定下來，跑幾趟之後，「覆蓋面」也會愈來愈大。例如學校、超市最容易接受新產品，於是「以點帶線、以線帶面」，逐漸開拓產品覆蓋面，當初江蘇一帶的旺旺ＱＱ糖、果肉果凍等產品就是這樣賣起來的。「在中國做生意一定要靠自己跑，靠別人是不行的！」陳玉祥有感而發地說。

佳欣這樣的經銷商，就是靠十多名業務員「跑出」覆蓋了五、六百個終端銷售點的網絡。他們有車輛四部，發貨倉庫廣達一千五百平方米，可以說經銷商的積極努力讓旺旺分公司和營業所事半功倍。

由於奠定了非常穩固的基礎，許多國外大品牌都想要和旺旺合作，但是旺旺至今一直都很慎選合作夥伴。「我們不是自大，而是很了解外國企業，他們根本沒有實際操作經銷商的經驗。」黃永松說。

歐美等先進國家擅長經營超級市場、便利商店等現代物流體系，但是全中國的現代化管理大賣場，最多也才一萬多個，而且大多集中在都市。根據每千人需要的商店數目來估算，旺旺估計全中國至少要有四百萬個終端銷售點，因此光是掌握超市和便利商店通路根本不夠。蔡衍明有一句名言說：「只要有嘴有錢，就有市場。」

而這四百萬個終端銷售點也會不斷變化，所以在銷售體系上，旺旺在每一省設有營業所，直接接觸每一個省市或縣城的批發市場，分公司的觸角從「大批發商」延伸到「小批發商」，延伸得愈細，市場就愈能深耕。

也是因為從都市深入農村的深耕經驗，讓旺旺能夠面對和掌握中國社會快速的變化。黃永松指出，這種快速變化主要有三：中國城市鄉村結構的變化、營業形態的發展變化、通路的快速擴張變化。

順應社會結構變化，調整直營通路策略

在城市鄉村結構變化方面，主要是指城市的擴張與人口的大量遷移。誠如大陸房地產大亨王石所言，中國政府希望在未來二十年間，至少把五億人口從農村遷到城市，這樣平均每年都有二、三千萬人口從農村到城市落腳，移入的城市包括縣城及省會城市等。對新移入的人口來說，最基本的需求就是小賣店，而人口一多起來，本土的大賣場及連鎖超市也會應運而生。

為了應付城市結構的變化，旺旺根據經銷商的「分銷能力」，以及其將產品分銷至銷售點所提供的「物流支援」是否可靠，來挑選最合適的批發經銷商。

所謂「物流支援」，是指批發經銷商為了批來更多的商品，會開始建設足夠的「貨倉設施」，並增加貨車等交通運輸能力。選擇這些具有優勢的批發商，旺旺產品便能透過批發商而鋪貨得更快，同時降低自己設立、營運物流系統（如庫房及車輛）的成本。

而除了百分之八十的批發商通路以外，還有百分之二十的「直營通路」，是以超級市場、大型百貨商店、連鎖店及便利商店為主，旺旺可以直接向這些通路鋪貨。不過，直銷大賣場有一個大缺點：銷售費用偏高。

這個「銷售費用」包括上架費及促銷活動配合費用，因為大賣場常會舉辦一些促銷活動，為了將自己的產品放在明顯位置，廠商通常不得不配合促銷活動。多了這些活動支出，直營通路的毛利率其實較

差，又無法收現。

不過直營也有其優點，主要是這些大賣場、便利商店已是「終端通路」，可以直接面對消費者、掌握消費者的喜好。產品要從賣場賣出去才是真正賣掉了，不像批發商可能還把貨品放在庫房裡。

直營通路在大都會地區愈來愈普遍，占的比例愈來愈高。也由於出現這裡城市鄉村結構的變化，過去的「直營」（Key Account, KA）主要是指國際大型量販店，如家樂福、沃爾瑪（Walmart）等，而現在，中國本地的大型連鎖量販店如「步步高」、「好又多」等，隨著新興城市及新移民城區的擴張也迅速崛起，因此所謂的直營通路，又可以區分成「直營」和「行直」（本土連鎖）的通路，由不同部門分別負責。

隨時掌握新興特殊通路的快速擴張

通路的快速擴張方面，除了一般通路規模的放大之外，「餐飲渠道」的崛起力量也相當驚人。

中國從農村經濟轉變為城市經濟的過程中，農村的生活步調也漸漸變成工商社會的節奏，人與人交往機會增多，到餐廳應酬變成家常便飯。同時會展活動、商務旅行增加，流動人口增多，旅遊業也蓬勃起來，在在加速餐飲業的不斷發展，於是「餐廳」也變成一個重要的銷售渠道（通路）。於是，旺旺的飲料產品包括旺仔牛奶、邦德咖啡、果粒多、哎喲飲品、老翁涼茶等，都開始進軍「餐廳渠道」。

這種渠道屬於一種「封閉型渠道」，所謂「封閉」，意思是餐廳賣什麼、消費者就喝什麼，銷售與消費同步，與開放式通路的自選購物模式不同。此外，餐廳內的顧客對於商品的價格敏感度也是所有通路中最低的。針對這種通路的特點，旺旺在二〇〇七年成立了「特別通路」部門，推出適合的明星商品，並舉辦多樣化的促銷方案和廣告。

至於「營業型態的變化」方面，大陸新崛起的「網吧行業」就是一種新的「業態」，中國有一億以上的「網民」，市場很大。以一般中國民眾的消費能力，還無法進入酒吧、KTV等高檔場所消費，因此網吧成為最受工薪階級歡迎、消費最低廉的「娛樂場所」。而在一般的網吧內，速食、飲料等休閒食品已占其營收的百分之二十，是一塊新崛起的市場，也是傳統通路中從沒有出現過的市場，屬於「特別通路」部門的業務。

正由於城市鄉村結構、業態的發展、通路的擴張等方面的快速變化，旺旺的通路系統組織從過去簡單的「經銷流通」、「直營」二分法，轉變成五個通路管理系統。

除了上述的「直營」又分成出「行直」之外，原來的批發經銷體系也分成「流通處」、「配送處」、「特別通路處」，以達到精耕通路的目標，一方面應付城市鄉村結構的變化，也為後來的「送旺下鄉」奠定基礎（見本章第三節）。一旦新產品上市時，結合不同的通路力量，也能發動「聯合大作戰」，橫掃市場。

第3節

無限的產品，有限的終端

誠如上一節所述，有些過去不曾出現的新城區擴張、新的通路快速成長，包括大陸本地的網吧、餐飲店、本地超市、本地直營賣場等，但是這些新的城區和新的通路不一定很快就看得見旺旺的產品。

同時，終端商店為避免風險，比較偏好過去賣得不錯的產品，對於有潛力的新產品不一定願意嘗試，經銷商的推銷也不一定引起小店老闆的興趣，於是新產品面對市場的機會不見得增加。

營運總處總處長黃永松指出，旺旺的產品種類愈來愈多，也就更強化了旺旺想要掌握終端通路的決心，特別是讓主打產品和新產品在零售端點快速曝光。要做到這一點，必須主動配送產品，並迅速獲得消費者的回應，而最好的方式之一是「縮短通路」。

徹底掌握終端通路的「送旺下鄉」策略

為了掌握終端通路、為了縮短通路、為了更貼近市場，從二〇〇六年九月開始，旺旺展開了「送旺下鄉」的策略。

顧名思義，「送旺下鄉」的目標是都會區之外的市場。「送旺下鄉」的第一個任務，是要補強現有批發經銷商的覆蓋率。所謂「覆蓋率」，是指一定區域內，經銷商能夠掌握的二次批發商和終端銷售點的數目、比例。

「我們等於直接去幫客戶收訂單！」當時的流通事業處處長、現任行銷總經理曹君泰說，旺旺自己的業務代表會檢視現有的批發分銷網絡，主動拜訪還沒有被覆蓋的中小型零售商，直接與之接洽並拿到訂單，再把這些訂單交給經銷商，讓他們來發貨。

這是補強批發通路覆蓋率的一種經銷模式，簡單來說，就是以大陸的「地級市」作為深耕通路的起點，主要經銷範圍是地級市、縣級市的城區，以及周邊的鄉、鎮、村等一般經銷商最容易忽略的地帶。

其實許多地級市、縣級市早就是原有批發商的經營範圍，所以旺旺先選定一些「送旺經銷商」一起合作，把多樣化的產品直接鋪到終端，提高旺旺產品的市場滲透力，來擴大產品分銷網絡。

「送旺下鄉」的第二個任務，是加速鋪貨的速度。

過去旺旺每推出一項新產品，都是先透過經銷商來推動；依產品不同，旺旺會選擇某些地區，根據各經銷商的專長，給予特定產品的經銷權。

但光是一個地級市就有一千萬人口，縣級市經銷商也通常覆蓋了上百萬人口，有時因為地方太大、有時是經銷商對於產品沒有信心、或是對特定產品的經銷通路不了解而產生遲疑。他們會想，等到別人先賣、產品受到市場歡迎了，再賣也不遲，於是對一些主打產品或新產品採取「敬而遠之」的態度。

這樣的遲疑會讓行銷活動大打折扣，或者市場出現某種機會了，經銷通路的應變卻很慢。發動「送旺下鄉」策略之後，旺旺不但直接幫經銷商收訂單，還直接送貨到二批，可以在較短的時間內向市場推出新產品。

「送旺下鄉」的第三個任務，是精耕各種不同的通路，因為大陸不但出現多種通路，而且每一種通路內的變化都很大，都要花時間去了解變化和發展。

光是銷售產品的「終端點」，除了個體戶獨立經營的夫妻老婆店、家庭小店等，也發展出運輸樞紐上的公路休息站、新的旅遊點、零售亭、娛樂場所及網吧等；在直營通路方面，除了便利商店、超級市場、折扣大賣場等，如同上一節所述，還有國營及地方省市經營的大賣場正在崛起。

每一種通路都有不同的市場區隔和屬性，必須全盤照顧。於是，旺旺的業務代表先和當地經銷商協調送貨的標準路線，依「順路原則」來決定每日拜訪客戶的路線卡，一天至少要拜訪三十家小店。

一方面，業務代表直接去拜訪終端點、將訂單拿回給經銷商，經銷商有時候也坐業務代表的車一起去送貨，做到引導訂單及照顧到鄉鎮市場，並負責處理、反映每個銷售點的情況。

另一方面，旺旺持續鼓勵經銷商擴大經銷範圍、招募更多的業代，同時也主動購買大貨車，以優惠的價格賣給經銷商，也就是所謂的「送旺專車」。從二〇〇六年九月推動「送旺下鄉」策略以來，當年第一批試行的五個省分非常順利，三個月後的第二批十個省分也馬上進行，到了二〇〇九年又有十個省分加入，全中國三十三個行政區域幾乎都在「送旺下鄉」的覆蓋之下。

當時的里昂證券分析師許慧慧指出：「如果旺旺一直堅持下鄉的路線，不但能開拓新的終端點，也能降低對於經銷商的現有客戶基礎的依賴。」許慧慧也同時指出，這對於市場盤價有穩定的作用，更能進一步加強控制終端零售商的價格。

面臨人才遭到挖角的新挑戰

旺旺從各省的地級市開始深耕，但另一方面也遇到大陸各地企業崛起的挑戰，這次的挑戰不是仿冒，而是人才的挖角。

大陸食品產業從二〇〇〇年之後會開始挖角，主要是因為改革開放數十年來，不只是國營企業維持大規模，連沒有遭到淘汰的民營小企業也已變成略有規模的企業，每個品牌只要以「省」為市場、站穩了腳步，營收動輒十億人民幣以上，而快速發展就很需要各種人才。

許多旺旺的幹部便是大陸企業挖角的對象，但即使是掛「總」字級的幹部，如果有其他公司以高出兩、三倍的薪水挖角，旺旺也不會加以挽留。

「面對挖角，我們不會改變理念！」蔡衍明指的「理念」是「結合志同道」，也就是以共同志業出發。如果是以短暫的利益考量而結合，這樣的合作不會長久，也不會有真正的結果。

蔡衍明認為，在他的經營理念「結合志同道」之中，著重於團隊合作的「結」、「合」二字，分別來看是「團結」又「合作」，立志一同追求更完善的境界，打這樣的團體戰，力量才會更大。如果有人認為公司的成果是由個人單打獨鬥所得到的，就讓這個人另行尋找舞台發揮，他不會挽留，看看會不會有一樣好的成果？

第4節

榮耀之旅

二〇〇六年，旺旺全年營收首度突破了十億美元。十一月二十八日，上海總部兩棟大樓落成，坐穩龍頭。「我覺得中國就是一條龍，總是要起來的。」十年前蔡衍明就如此預言，於是他在大陸開始一磚一瓦地建立「全球總部」。

所謂「一磚一瓦」，指的是把奠基於台灣的企業文化和精神，藉由總部的設計規劃而呈現出來。

充分體現企業精神的總部大廳

首先，總部大門口有兩隻銅鑄的「忠義神犬」，構想來自「十八王公」的義犬，一隻是張著口的公狗，代表勇氣、奮發向上，閉著嘴的是母狗，代表服務和慈祥。

走進全球總部大門後，左邊是呈現旺旺歷史的長廊。首先映入眼簾的是槙計作社長的半身銅像，許多日本企業家常在此佇足良久。蔡衍明尊稱槙社長為「旺旺之父」，也稱他為「事業上的父親」。

另外，大廳裡面也陳列著旺旺的歷史，包括從一九九二年建置的第一間米果廠、一九九六年在上海設立總部，直到二〇〇六年成為全球總部，旺旺很細心地將發展過程中的照片一一展示。

大廳中央是一面三公尺高的電視牆，全天候播映著旺旺製拍的廣告，讓員工和來賓都能了解產品的最新動態，也融入整體行銷之中。

然而最特別的，還是大廳中間正上方的那一塊「金字招牌」。

對外國企業來說，招牌用黃金打造是前所未聞的，這卻是中國商道的重要意涵，演進至今，「金字招牌」這四字變成了「形容詞」，形容傳統商人對於信譽、名聲的重視及寶貴。而旺旺真的用黃金打造了一塊圓形的「金字招牌」，直徑是一百零七公分，重達六百六十八兩，由九九點九九千足金打造，展現出旺旺全力打造自己這塊金字招牌的決心和信心，也充分說明旺旺對於「品牌」的重視程度。

金字招牌的背後則是一面「旺字牆」，由一千一百一十位員工在「心存公司旺旺」的意念下書寫的「旺」字，合成一個大「旺」字，等於是由一千一百一十一個旺字合成「千旺牆」，意謂著千萬（旺）人在背後牢牢支持這個金字招牌。

另外有一面牆寫著「責任」二字，下面寫著集團機構的員工總人數，強調每位員工不只要對自己負責，也要對所有的旺旺人負責。

與經銷商的關係不只繫於利益，還要惜緣

除了對員工的提醒，每一年旺旺也會安排經銷商參觀總部，親身感受企業文化，也希望這樣的企業文化能把所有的經銷商連結在一起。

但是從另一方面來說，經銷商也是最「現實」的。上海復旦大學管理學院產業經濟學系教授芮明杰

指出，只要某一段時間內有一項產品好賣、有錢賺，經銷商們馬上就會靠過來，搶著做代理經銷商；但是一旦產品不被市場接受，「經銷商也可以在一夕之間翻盤！」

一般業界人士認為，大品牌和經銷商之間屬於單純的利益關係，大品牌對經銷商最重要的支持就是「打廣告」及提高銷售的「返利」金額。經銷商的資金要靠產品快速流通才能回收，沒有人願意拿自己的錢去冒險，況且他們還可以同時分銷好幾種大品牌的產品，因此產品如果不好賣，不管在哪一種通路都不會有人賣；如果產品好賣，經銷商就會搶著賣，一直賣到賣不動為止。

長期以來，大品牌和經銷商之間似乎就是建立這種利益基礎上，但蔡衍明有不一樣的思考。

蔡衍明購入了全上海第一架公務飛機「灣流G二〇〇」之後，馬上就提出一個構想：希望長年為旺旺經銷產品的全中國各地經銷商，也可以和他一樣，坐在這種最先進的私人飛機裡，遨遊中國。

於是蔡衍明從二〇〇七年開始推出「榮耀之旅」，這是和經銷商互動、共贏的感恩回饋活動：凡是前一年辛苦和旺旺共同做出成績的批發經銷商，都可以獲邀參加一次旅行，包括到上海旅遊及搭乘一趟旺旺的豪華公務機。

「坐上了旺旺的公務機，我真的和旺旺公司有一種互為生命共同體的感覺。」一名來自江蘇的經銷商說。行程之中到上海，其實很多人都不是第一次去了，但是榮耀之旅安排參觀位於上海的旺旺總部，就是非常難得的經驗。「賣了十多年的旺旺，總算來到旺旺的總部，也算來飲水思源了。」

但是更特別的一項安排，就是前往湖南長沙的「旺旺醫院」進行一趟頂級的健康體檢之旅。

「健康體檢，讓事業再攀高峰！」這是「榮耀之旅」的口號。而更重要的是，從活動之中，經銷商客戶能夠更近距離接觸到總公司的相關企業、見證集團雄厚的實力與財力，增強客戶與旺旺公司未來合作的信心。「這也算是展現一種『惜緣』的企業文化吧！」黃永松說。

善用經銷商對市場與觀念的滲透力

旺旺看見的是經銷商的優勢，他們同時具備市場的滲透力到觀念的滲透力；特別是在變化快速的中國，必須靠傳統的批發經銷商努力不懈，在第一線「引導」小賣店如何推銷產品、介紹產品，把產品漂亮地陳列在顧客的面前。

山西太原市有一家商店便是個很好的例子。這家店一直把「旺旺仙貝」放在店面中最醒目的位置，直到有一天，這家商店進貨一種單包利潤更高的產品，於是店老闆把旺旺仙貝之前的位置，讓位給了這一項利潤更高的產品。

在山西太原，旺旺仙貝最大的批發經銷商是「運城中和」貿易商行，總經理孫鑫有一天在城區巡店時看見這種情況，當下便對老闆分析：旺旺產品的單包利潤雖然比較低，但是「走量」很大，最保守一天也會賣出一箱，而別種產品雖然利潤高，但是一天最多賣不出三袋，甚至一包也賣不出去，到底是哪一種產品利潤高呢？

再者，從帶動其他商品的效益來看，大品牌產品的宣傳效益很高，某種程度來說，有品牌的產品可能成為某一商店的廣告牌子，在消費者心目中留下很深印象，有時消費者是衝著品牌產品而來，萬一走到店門口看不見熟悉的產品，會以為這家店沒有該項產品而轉投他家，因此逐漸喪失一些客戶。

孫鑫回憶，這家商店的主人自己做了一上午的實驗，果然有不少客人詢問旺旺的產品，反觀別種產品絲毫未動，店主人終於「醒悟」，真心將旺旺產品重新陳列在店裡的中心位置。

批發商把陳列都做好，貨品擺得漂漂亮亮，而且存貨及時擺上、缺貨及時補貨，店老闆對代理商會有很好的印象，長期來看，產品的銷量也會「上幾個台階」；事實上就是從「陳列」開始，經銷商必須對小賣店做「思想工作」，孫鑫就指出，終端客戶是需要「勸說」和「指導」的。

其實「滲透力」因通路不同，使用的陳列方法就有變化。對商品陳列有深入研究的孫鑫，更舉了一個他發現的「混搭效應」的成功案例，這是讓「ＱＱ糖」在大型超市及大賣場中銷售倍增的戰略。

在超市及大賣場中，所有的產品百家爭鳴、宣傳火紅，只靠一項產品單獨陳列是很難突出的，於是孫鑫出了一個奇招：他讓ＱＱ糖和另一個知名品牌口香糖一起陳列，在超市及大賣場做了「地堆造型」（把產品堆在走道上引人注意）。

一般人印象中，兩者同屬糖果產品，好像是競爭關係，但孫鑫指出，真實情況並非如此，因為兩者的用途完全不同，口香糖是為了口氣清香，ＱＱ糖則是休閒食品，對於吃糖的人各有誘惑，所以消費者選購其中一種產品時，必定也有機會順手購買另一種，達到了彼此拉抬推進的作用。

經銷商的壯大更帶動品牌的進一步擴展

靠著經銷商仔細察覺環境的差異，一步步調整通路、把生意做大，等到經銷商成長、壯大，能夠將產品銷往中國各地，從「小客戶」成為「大客戶」之後，旺旺的銷售及分銷網絡也會更加龐大。

一旦客戶的批發經銷能力更強、終端銷售點更多、和旺旺的合作更緊密，則旺旺也會給大客戶更多經銷不同產品的權利，以及更大的市場範圍。

但是另一方面，也有一些經銷商跟不上市場變化腳步而被淘汰，旺旺就必須繼續選擇新的經銷商與之合作。旺旺在二〇〇四年執行「破冰之旅」後，從二〇〇四至〇五年間，新增加的經銷商數目約為兩千一百名，到了〇五至〇六年期間，新增數目降到一千八百名，二〇〇七年間又降到了一千六百名左右，說明經銷商的數目形成穩定的成長。

旺旺希望與經銷商維持長期的合作關係，但是淘汰也有其必要。

原則上，旺旺和所有批發經銷商一年簽一次合約，如果經銷商不遵守價格政策、無法配合行銷政策，旺旺都不會再續約、委託其代理批發旺旺的產品。事實上，目前在大陸的八千名經銷商中，有一成的經銷商合作了八年以上，四成的經銷商已與旺旺合作五至八年，這五成的經銷商可以說是旺旺的「中堅組成」。

另外有三成多的經銷商與旺旺合作二至五年，是屬於正在建立默契之中，而大約兩成的經銷商合作少於兩年，這些新的經銷商大部分也是旺旺最有生氣和成長潛力的一批經銷商。

安徽宣城的「聯體糖酒公司」老闆朱柏林，從二〇〇一年開始代理旺旺的產品，宣城人口有二百七十萬。朱柏林認為旺旺的多元化產品，是讓品牌達到差異化的關鍵，如此才能帶動有規模的成長。他也批發銷售其他公司的產品，但是旺旺展開「破冰之旅」後，他就強調決不輕易退旺旺的貨，並且逢人秀出腕上的手錶：「這是董事長五十歲生日送我們的金錶呢！」

也是從「破冰之旅」後，旺旺和經銷商的關係就更為密切、直接，再加上後來的「榮耀之旅」，經銷商更感受到旺旺對自己的重視，這也是事業上的「惜緣」，讓接下來的「送旺下鄉」策略可以推動得更為迅速。

第四部

世界聚龍

第十章　國際資金

為了讓企業規模繼續擴展，發行股票上市募資勢在必行，這也是旺旺跨足國際、提高淨利率的開端。初期看中新加坡股市的國際競爭力，十年後轉至後勢看漲的香港股市，並且鮭魚返鄉回台灣掛牌，旺旺一次次蛻變、高飛。

第1節 改變新加坡上市規則

旺旺成為典型「台灣發跡、大陸茁壯」的台資企業過程之中，有一個不能忽略的階段，就是國際資金的到位。特別是在新加坡上市成功，提供了旺旺立足大陸的基礎。

旺旺早期發展所需要的資金，主要是來自台灣本地市場，另外也包括日本合作對象「岩塚製菓」早期出資的台幣五百萬元，與旺旺在宜蘭合資設立廣興廠，生產米果等休閒食品。

早期的花旗資金，代表對旺旺無形的肯定

另外一筆早期來自國際的資金，則是來自花旗銀行。一九九〇年代，花旗銀行是台灣聲名最顯赫的外商銀行，過去台灣一般銀行的放貸業務嚴謹度還無法和國際接軌時，花旗銀行對企業的貸款不只是提供實質上的金錢，也等於是對企業的一種「無形的肯定」。

這種「無形的肯定」主要有三：一是對公司治理的肯定，二是對公司前景的肯定，三是對領導人信用的肯定。外商銀行採用專業經理人制，不可能和一般家族企業有什麼交叉利益關

係，具有相當的公信力，加上外資銀行背景資金雄厚，只要你有本事，不怕貸款天文數字，當年連台灣的「經營之神」王永慶也對花旗的經理人刮目相看、特別禮遇。

事實上在一九八〇、九〇年代，台灣企業界的說法是這樣的：只要得到花旗銀行五百萬元的信用貸款，就足以吸引其他銀行出借至少五倍的額度，也就是可以再貸到國內銀行至少二千五百萬台幣，這說明了「如果連花旗都通過了，還怕有什麼風險嗎？」

而當時在花旗負責貸款業務的人，是後來創立建華銀行（後併入永豐銀行）的盧正昕。「我從他身上看見一種不同於學院的經營智慧，你可以說那是『Street Smart』（街頭智慧）！」盧正昕接受媒體專訪時這樣描述蔡衍明。

旺旺不是外商所習慣的制式企業，很難想像當時一向穿著深色西裝的外商經理人，願意在當年還沒有「北二高」的時代，到台灣後山的宜蘭去檢視一家中小企業的信貸能力、追查一位創業家運用資金的企圖和野心。

但是盧正昕真的不辭辛苦，沿著「九彎十八拐」的北宜公路坐了兩小時的車，去看蔡衍明的米果工廠，對宜蘭食品的經營能力充滿信心。

開始準備股票上市事宜

儘管得到了外商銀行的支持，但隨著事業繼續擴展，旺旺最早還是希望在台灣發行股票上市，並已請來券商輔導。

經過了長達兩年多的申請過程，期間碰到台灣開始對大陸投資比例設立限制門檻，加上家族持股過高的問題等等，等到問題解決之後，旺旺又已準備前往中國投資，擔心不合當時台灣政府的喜好，礙於各種法令限制與陰錯陽差，最終旺旺在台灣上市的計畫就愈來愈遙遠。

事實上，一九九四年一月湖南廠正式投產之後，兩年後的一九九六年，旺旺在大陸的營收就已超過台灣了。

一九九六年也正好是前總統李登輝發表「兩國論」的那一年，旺旺在大陸的快速發展趨向低調。但是股票上市仍有其必要性，主要還是因為中國大陸市場發展得超乎意料的順利，亟需大幅擴充，特別是進口設備和廠房土地的投資（見第七章）。

誠如曾任集團副總裁的林鳳儀指出，當時即使把賺來的錢全部投入，也跟不上成長的速度，於是開始考慮在海外掛牌上市，包括香港和新加坡都是目標市場，當時這兩地的資本市場規模相當。

新加坡發展銀行（現今之星展銀行）的企業投資部門參觀過旺旺之後相當驚訝，竟然有一家台灣企業能夠如此深入大陸消費通路，於是爭取旺旺在新加坡上市的興趣非常濃厚。「這也算是緣分吧！」林鳳儀指出。

但唯一的問題是，按照新加坡證券交易所的規定，如果企業的主要市場在大陸，必須要有連續三年在大陸獲利的紀錄，才有資格上市掛牌交易。

旺旺當時進軍大陸內需市場正好才兩年，賺來的錢也全數投入擴充生產線，為此，新加坡發展銀行的業務人員仍不放棄，回到新加坡之後，特別前往新加坡證券交易所報告，認為旺旺這家公司值得爭取，希望交易所可以改變條件。

即使新加坡是全球「最守法」的國家之一，但是面對一個在大陸市場有著極佳機會、生產製造能力優秀的一流企業，又怎能不把目光放遠，爭取機會？

「規則簡單清楚，考量現實，又有效率，這就是新加坡的國際競爭力！」林鳳儀說。同時，旺旺看出新加坡同樣具有親切的華語文化，能與海峽兩岸都保持良好的政經關係，而且他們始終能感受到新加坡政府鼓勵上市公司的態度，可以享受租稅協議、高效率的政府管理體制、中心樞紐的地理位置，以及完善先進的交通、通訊、金融與公共建設。

最大的困難一解決，旺旺便緊鑼密鼓地籌備新加坡上市計畫，並向全球法人股東說明米果產業在大陸食品業的前景。

飲水思源，珍惜每一次合作的緣分

不過，上市前還發生過一段小插曲。同樣來自台灣的頂新集團，以「康師傅」品牌站穩大陸方便麵市場之後，也宣布正式進軍中國的米果市場。「我們將以成為中國龍頭為目標。」頂新集團在新聞稿上如此宣示。當時旺旺正緊鑼密鼓地進行上市股票定價階段，「康師傅」進軍米果，無疑讓旺旺首次上市之路蒙上了陰影。

康師傅要做米果，當然和過去各省分的小製造商做米果的野心不同。面對變局，旺旺仍按照原定計畫全速進行，一九九五年八月由董事會決定上市申請後，當年十二月即完成申請送件，三個月之後得到了新加坡證券交易所的核准，一九九六年五月在新加坡主板掛牌上市，募集到資金一點三億美元。

旺旺從一九七六年成立二十年之後終於上市，蔡衍明認為，上市不是企業經營的目的，而是一個過程，這個「過程」是把對投資人的責任，轉化為企業持續成長的動力，可促使企業更健康地成長。再加上新加坡的市場規則不支持炒作和業績預測，在在鞭策著上市公司踏踏實實步步向前，不斷擴大盈利面、降低風險。

當時董事會的主要董事，包括蔡衍明、旗下由家族持股的投資公司「旺仔」（Hot Kid），還有百分之五的股份是日本岩塚製菓公司，也是蔡氏家族之外最大的外資持股。

蔡衍明尊稱岩塚的老社長槙計作先生是「旺旺之父」，岩塚和旺旺就像是父子公司，當初岩塚投資旺旺五百萬台幣，而在新加坡上市時持股百分之五，股票的市值至少就有十多億台幣，投資報酬率高達百倍，還不包括每年的配息配股。

「我們懂得感恩，他們也懂得感激。」蔡衍明指出，儘管今天旺旺的生產技術和知識，甚至很多自己製造的米果機器設備，都已經可以回賣給日本公司，但是日本人在品質管理方面確實有獨到之處。「我們都是米果養大的，把製造米果當做一種藝術也是日本人灌輸的觀念。」蔡衍明說，品質的追求永無止境，往往一些製造過程進步時，也有一些部分開始退步而不自覺，必須每天持續反省。

槙計作曾經提出「惜緣」的概念，從字面上來看，是珍惜得來不易的緣分，但未嘗不能從工作的態度來看，從日本技師堅毅過人的精神，知無不言、言無不盡，讓旺旺深入學習米果生產的技術，這正是旺旺一直在學習的工作態度。因此，岩塚一直是旺旺的重要顧問和技術夥伴。

第2節

淨利率的祕密

在新加坡成功上市，為旺旺的下一步發展帶來養分，而上海的「旺旺總部地位」也漸漸確定下來。

旺旺在新加坡籌資，因此新加坡成了企業的資本運作中心，蔡衍明乾脆把整個家庭搬到新加坡，住在台灣的時間也愈來愈少，新加坡一度成為集團的「總部」。也因為在新加坡上市之後資金比較充裕，一九九七和九八年，旺旺分別在中國推出旺旺牛奶、QQ糖等產品，利用品牌優勢乘勝追擊。

台北、上海、新加坡的「三角關係」，從新產品的誕生過程就看得出來：最初的研發工作在台灣，賣到中國市場方興未艾，而資本來源是新加坡，三地各有所長。

當時的主管指出：「老闆在哪裡，總部就在哪裡啦！」事實上從一九九六年開始，旺旺已著手打造上海的辦公大樓，後來蔡衍明舉家遷往新加坡，他不在大陸市場時，最強的後盾就是經營團隊，團隊成員彼此之間都有二、三十年的默契，長駐大陸各省分一起打拚。

「大家在一起很久了，很多人從學校畢業就來了。」蔡衍明自信地說。二〇〇八年時，公司至少有二十位幹部待在公司超過二十年。

而從一九九八年之後，隨著中國市場的規模急遽擴展，上海的地位愈來愈清楚，蔡衍明留在大陸的時間已開始超過台北加上新加坡。到了二〇〇〇年，雖然兩岸都已加入世界貿易組織（WTO），但是兩岸之間的食品貿易尚未開放，因此旺旺有百分之七十的產品在台灣市場見不到（見第七章第四節）。

推動破冰之旅後，多年來維持高純益率

在當時，許多想要進軍大陸食品業的國際集團，把旺旺視為合作或投資的目標，像是法國最大食品公司「達能集團」（Danone）就曾經和旺旺接觸，表達投資的意願，因為國外投資者可以從公開財報上的數字直接了解旺旺的實力。

例如經過二〇〇四年的「破冰之旅」後，隔年旺旺集團的營收和獲利都創下歷史新高，從上市公司的公開財報數字來看，稅後淨利率（純益率）為百分之十六點五，比前一年增加了百分之五十六點五，而每股盈餘是八點八三美分，也比前一年成長百分之五十六點六。

當時的里昂證券分析師許慧慧指出，一般食品公司稅後的純益率平均只有百分之一到二，最多可達到百分之四，但是旺旺從二〇〇五到〇八年間的純益率維持在百分之十六點五到十八之間，至少是其他公司的四倍以上！

事實上，一般食品工業的毛利率約在百分之三十五左右，旺旺和其他公司差距不大。旺旺產品的原材料成本主要來自農產品原物料等，每當原物料上漲時，許多分析師馬上就聯想到成本上揚的壓力，但其實對旺旺來說，中國農產品原物料的成本控制具有先天的優勢。

主要因為大米是人民生活的物資，國家不可能放任價格波動上漲，所以大米價格比其他的原物料都要穩定。大米等基本原料若能控制穩定，隨著旺旺的產品項目愈來愈多、原料種類繁多，就能分攤掉單一原料的成本波動。

原料從包材到調味料有幾十種，不是所有的材料都會同時漲價，有的跌、有的升，明年是糖價上漲、後年是米價上漲，所以儘管個別單項的某種農產品大幅波動，但是占原物料成本比重不會太大。「這是我們每年都要做的習題，每一年都有挑戰，但是每一年都會度過。」蔡衍明對媒體表示。

另外一項挑戰則是中國的工資上揚問題。全球有許多新興市場的通貨膨脹情形都很嚴重，但中國的通膨幅度一直只有個位數，從蔡衍明的角度來看，許多人加薪都不只這個幅度，所以他認為中國的工資上揚對成本的影響反而比較大，會讓毛利率受一些影響。

達到高純益率的三大祕訣

毛利扣掉了管理費用、銷售費用、匯兌損失等，再加上稅後的抵減，最後才會成為「純益率」（稅後淨利率），這時數字就產生了很大的差異。

基本上，「管理費用」含折舊、人事、行政、租金等，都可以用節流方式控制，稅金及匯兌損失等雜項差異也不大，但是「銷售費用」包括了運輸交通、業務人員及廣告行銷等，旺旺就開始和對手拉大差距了。

「廣告」是目前食品公司最重要的行銷方式，許多食品公司的廣告費用占到了營收的百分之八到十左右。誠如第六章所言，蔡衍明自己拍廣告，所以旺旺的廣告費用大約只有百分之三，是其他公司的三分之一。

「廣告多花一塊錢，就是少賺一塊錢。」這是蔡衍明的名言之一，也讓旺旺拉開和對手的差距。

許多分析師指出，在上市公司股中，康師傅控股的獲利絕對值最大，但是旺旺的純益率最高，曾經有媒體問過蔡衍明，旺旺的產品能達到高純益率的原因為何？

蔡衍明回答：「我們對產品標準有三個Special（特別），包括價格特別、產品特別，以及品牌定位特別。」

誠如第七章第一節提及，旺仔牛奶推出時，標榜口味濃郁、添加ＤＨＡ，把品質做到最好，這是「產品特別」；而每瓶容量二百五十西西，別人賣人民幣二點五元，旺旺賣人民幣三點八元，價格比別人高了三成多，這是「價格特別」，簡單地說，旺旺掌握了「定價權」；而如同第六章第二節的分析，旺旺的行銷活動及廣告造勢展現了「品牌定位特別」，也讓品牌的價值不斷累積。

在新加坡上市十年間的東亞經濟變化

一九九六年五月，旺旺剛在新加坡上市時，每股股價是一點六八美元，到了二〇〇六年四月中，上升到三點八美元，市值則從六點九億美元上升到十九點五億美元，成長了將近三倍。

不過蔡衍明並不滿意，主要原因是十年之間的東亞經濟板塊發生了極大變化。

第一個變化是：新加坡過去是東南亞資本市場的重鎮，但是從一九九九年起，印度股市、印尼股市相繼成立和崛起，反觀新加坡交易所的資本和上市公司規模並沒有大幅成長。

「旺旺控股」一九九六年在新加坡掛牌後，每年淨利率達百分之十六以上，經營績效也在所有食品公司的水準之上，但本益比大約只有十五倍（本益比是每股市價相對於每股稅後純益的倍數）。

反觀走過一九九七年金融風暴的香港，香港股市過去的市值只有台灣的一半，到了二〇〇七年竟然超過台灣兩倍之多，原因當然和大陸連續十年國內生產毛額（ＧＤＰ）以兩倍數成長有關；特別是香港股市食品類股的本益比都在三、四十倍之譜，例如二〇〇六年在香港上市的「中國蒙牛乳業公司」也有不錯的表現，一上市本益比就有四十倍。

這讓蔡衍明覺得自己的企業狀況受到低估，因為旺旺的品牌價值不但不輸其他中國食品公司，甚至還超過對手，但是在資本市場的表現硬是差了一、兩倍以上，這種「輸人一截」的感覺很不好。

第二個變化是：這十年間，旺旺已轉變為全方位的食品公司，不只是米果公司而已。從一九九七年開始，旺旺進軍牛奶等飲料市場，一九九八年又進軍糖果市場，到了二〇〇四年，飲料部分的營收正式超過米果，二〇〇六年休閒食品的營收也超過米果，於是飲料、休閒食品和米果三足鼎立，再加上本業延伸的上下游投資，旺旺早已今非昔比，不只是一般人認為靠一片一片米果堆起的米果王國而已。

開始正視市值遭到低估的問題

對於旺旺的市值在新加坡受到嚴重低估的狀況，敏感的國際投資銀行看見了機會。「高盛銀行一開始就來勸說，當時我沒有在意，後來歐洲的瑞士銀行也來了。」蔡衍明坦承陸續有多家投資銀行向他進言，他也開始接受香港股市蓬勃發展的事實，如果旺旺在這種熱絡的交易市場上市，公司的市值將會大幅提升。

不過蔡衍明當然很清楚，外國銀行這麼積極，主要是有利可圖。真正讓蔡衍明做出決定的，不是紙上富貴的股票，而是經營績效的比較。

里昂證券公司分析師許慧慧指出，雖然旺旺的純益率冠於群雄，一直維持領先，但是以在香港上市、同屬食品業的康師傅來比較，二〇〇五年，康師傅的營收規模達十八點四六億美元，淨利潤達到一點二四億美元，超過旺旺的一點二二億美元。

不過，當時康師傅控股獲利絕對值最大，獲利的成長卻有一半要給日本股東，因為康師傅控股的成長主要來自飲料，而飲料事業由日本股東持股一半。假設康師傅的營收有十億美元，利潤百分之十，康師傅賺一億美元，股東其實只能分到五千萬美元。

反觀旺旺的純益率是百分之十八，如果以持股百分之二十計算，旺旺只要營收二點五億美元，股東就可以賺到和康師傅股東一樣的五千萬美元。一般分析師也認為，要營收十億美元，比營收二點五億美元辛苦很多。

但是康師傅的營收規模成長快速也是事實，這是值得旺旺警惕之處，只是兩家公司在不同的交易所掛牌上市，外界認為不同一片天，各有千秋。但蔡衍明認為同樣都是食品公司，如果在不同地方上市，許多法令和遊戲規則都不同，就無法反映員工的努力或落後，員工的危機感也不會直接而強烈。

「我要讓員工們有一個公平的舞台！」蔡衍明認為，不管是台商、陸商還是港商，都在這一片十三億人口的市場上競爭，經營結果和市場價值可從財報上的數字、投資者對於策略的理解、大眾社會對於品牌的認同中反映出來。

於是，蔡衍明開始慎重考慮新加坡之外其他資本市場的可能性。

第3節 一百億台幣的選擇！

二〇〇八年三月十三日，受到次級房貸風暴影響，美國有百年歷史的財務公司貝爾斯登（The Bear Stearns Companies, Inc.）宣布倒閉，同一時候卻是旺旺的「熱狗專案」（Hot Dog Project）最如火如荼進行的時期。

所謂「熱狗專案」，是旺旺為了從新加坡證券交易所下市、公司重組、轉到香港上市而啟動的專案小組，內部簡稱為「Hot Dog」，總共歷時三百天，這隻「熱狗」也成為亞洲近年來最大的「槓桿收購」（Leverage Buyout）案例。

所謂「槓桿融資收購」，簡單的說，就是公司從投資銀行或其他金融機構借貸足夠的金額來進行公司併購，再以併購後的收入來支付因收購而產生的高比例負債，這樣一來只要動用極少的資金、以未來的收入做擔保，就能併購另一家公司、完成更大的經營目標。

「這在當時看起來完全不可思議，現在看起來卻是一個了不起的決定。」瑞士銀行董事總經理黃雅釧感嘆地說，她代表瑞士銀行作為旺旺在香港上市的全球協調人，也見證了這次的「槓桿收購」如何讓旺旺的經營階段到達另一個境界。

大膽籌資下市：等於每天買一輛保時捷！

而這一切還是要從旺旺準備從新加坡下市說起。

要從新加坡下市，必須先買回新加坡交易市場上所有流通在外的股份，使公司私有化。當時旺旺大約有百分之三十的股份流通在外，如果要悉數買回，動用的資金會相當龐大，必須洽談巨額的貸款。這項下市計畫的一切重擔都落在「熱狗」小組成員身上，包括由當時的財務總監朱紀文負責總統籌，幕僚處經理蔡紹中負責推介公司股票、聯絡全球投資人及溝通公司的發展策略，金融管理處處長戴明芳則負責執行規劃。

新加坡交易所同意旺旺發布公告私有化及自願下市之後，小組成員一方面要決定收購股份的定價策略，同時也要到香港洽談融資貸款條件，結果在短短三天之內，律師和會計師便完成了融資合約。

旺旺原本只計畫貸款五億美元就好，沒想到分別洽談出借資金的三間外資銀行反應都很熱烈，爭相爭取參與這個貸款案，並且遊說旺旺「多借一些」，最後有十二家銀行共同出面達成協議。二〇〇七年五月二十八日，蔡衍明以私人公司名義，向高盛（亞洲）銀行、瑞士銀行、法國巴黎銀行等十二家銀行團聯貸八點五億美元，買回旺旺的股權。

八點五億美元相當於二百五十億台幣，不但是銀行借給私人公司的極高額貸款紀錄，也是二〇〇六年之後亞洲規模最大、槓桿比例最高的巨額「槓桿收購」案例。

「這筆貸款很快就通過銀行的內部審核，兩個禮拜內全部搞定！」蔡衍明回憶起來滿是自豪，畢竟這展現了十二家國際銀行財團對蔡衍明本人和「旺旺品牌」的莫大信任。有了這筆資金之助，蔡衍明在二〇〇七年九月十一日以每股二點三五美元的價格，收購了在外流通的百分之二十六點三五的股票，完成企業私有化，市值三十億美元。

但是從這一天開始計算，蔡衍明必須背負這筆八億五千萬美元的利息，直到他償還為止。

「我個人有二十幾年沒有借錢了，一借就是八點五億美元，這是我從未有過的債務金額，每天的利息高達十五萬美元！」蔡衍明說，不但所有的外國銀行都盯著他看，而且他每天要付出的十五萬美元，等於是五百萬台幣，相當於一部德國保時捷跑車的價格。也難怪籌備在香港上市期間，他苦笑著說：「我每天買一輛保時捷呢！」

這個笑話一方面是「苦中做樂」，另一方面也提醒幹部們，上市的腳步必須抓得更緊，以每一分鐘都是「千金」來形容並不為過。

重新上市的準備：企業結構大重整

而要在香港上市，第一個工程是新的企業架構重整。

旺旺歷經近十年的發展，除了旗下的食品飲料之外，還投資了酒店、醫院、房地產（見第十二章）

等，多個事業部共同捆綁，讓投資者對公司的策略認識不清，也對股價造成了一定影響。

所以從新加坡下市之後，旺旺利用這段時間進行重組：食品飲料業務是核心業務，單獨剝離出來成立「中國旺旺控股有限公司」，在香港上市；旗下的醫院、酒店、房地產等業務，則分拆至另一家新成立的「神旺控股公司」，為蔡衍明家族私有。

第二項工程是跨國的專業查核工程。這個重擔主要落在蔡紹中和中國旺旺財務總監朱紀文肩上。

「我們一方面要顧及相關地區的法令制度，另一方面必須要在最短的時間內，完成企業重組和相關單位審核認證。」朱紀文說，因為中國旺旺有一百三十個子公司、六十五家銷售公司和二十一家登記在英屬維京群島、台灣、日本和新加坡等地的海外公司，總共有兩百多個主體，光是全球前三大的會計師事務所「資誠」（PWC）就出動一百多位專業人員查帳。

其次，旺旺必須在中國大陸完成所有資產轉移，從原本單位轉變成未來在香港上市的中國旺旺，所需的各種官方審批和行政程序極其繁複，在有限時間內考驗著旺旺團隊。

但是如果可以通過這一關，旺旺的公司治理就可以更透明化、投資人可以更了解公司，符合大型國際化公司的基本規範。

所以「資產重組」也是整個「熱狗計畫」最大的難度所在，會計師和律師先進行第一輪的調查，接著承辦上市業務的券商也要重新驗證，再由中介機構跟隨抽查。

展現出企業經營的超高效率

香港證券及期貨事務監察委員會的要求極為嚴格，過去三年所有營業所與旺旺的每筆交易都要查證，另外包括市場占有率、行業排名的依據等，都要有權威機構一定的認證。像旺旺這樣營業範圍廣大的公司，各個部門的手續相當繁瑣，很多人不眠不休投入。

黃雅釧觀察：「和其他公司比較，旺旺各部門之間對於提供各種資料不會出現推諉的情況，給人非常有效率、精益求精的印象。」黃雅釧指出，無論遇到什麼困難，只要有需要，馬上動員全公司的力量解決，相關部門的人隨傳隨到，整個公司的執行力和團結是離不開關係的。

舉例而言，像是具有法律效力的「招股說明書」，是香港聯合交易所據以審核公司夠不夠資格上市的主要文件。一般公司的「招股說明書」通常需要三到六個月的時間才能完成，但是旺旺在一個月內就完成了香港聯交所需要的招股書，背後有著各部門快速提供資料的高度凝聚力。

例如二〇〇七年底旺旺的年終晚會時，財務部主管戴明芳從手機上接到投資銀行傳來的電子郵件，告知香港聯交所提出的第三輪問題，於是朱紀文、戴明芳和蔡紹中馬上離開晚會現場，又是一天熬夜，把答案整理好，隔天就把文件送出。畢竟，旺旺晚一天上市，就要多背一天十五萬美元的利息。

李嘉誠也在最後一刻決定入股

如果說，在香港上市前，公司在大陸的資產重整是團隊最大的挑戰，則上市的定價壓力，最後還是回到了蔡衍明自己身上。

二〇〇八年三月三日到十四日間，蔡衍明從香港、舊金山到紐約等，扣去在飛機上的時間，十二天內跑了六個城市，會見了三百位投資人，進行股票上市前最後的「全球路演」（Road Show），說明旺旺的價值定位，卻遇上了一九三〇年以來全球最大的金融風暴。

這時次貸風暴已在美國蔓延，許多公司都取消了上市募資計畫。香港股市也開始狂瀉，與前一年的二〇〇七年三月同期相比，股價掉了四成。

一般香港分析師心目中旺旺股票的價格約是五元港幣，因為從獲利的預估來看，根據二〇〇七年新加坡交易所的旺旺財報，每股盈餘是港幣零點八元，如果以本益比為四十倍做參考，正好就是五元。

二〇〇八年三月十一日，旺旺在香港舉行投資者推介會，宣布中國旺旺將發行二十七億股，每股的招股價為三到四點一港元；如果是四點一元，最多可以募集一百一十點七億港元，約合四百五十億台幣，相當於本益比為三十五倍。

分析師估算，即使招股價是三港元，也將會募集到八十一億港幣，折合新台幣為三百三十二億元，超過統一企業中國控股公司籌資金額的兩倍，將一舉成為中國與香港以外，在香港掛牌籌資規模最大的外商公司。

在旺旺準備公開上市的招股過程中，第一波陸續引入了「統一中國」（0220.HK）認購價值三千萬美元的舊股，而「華人置業」（0127.HK）主席劉鑾雄、中國銀行私募基金、建設銀行資產管理部門、荷蘭合作銀行及另外兩家國際基金及銀行等投資者，共認購了一點七億美元的股份，占最低發售規模的百分之十七，禁售期為半年。

值得一提的是，李嘉誠旗下的長江實業集團在最後一刻也宣布希望投資。李嘉誠是華人世界首富，蔡衍明說：「過去我們彼此並不認識，他已有很長的時間不再進行投資，這次透過投資銀行推薦，李嘉誠願意投資中國旺旺，我覺得為他延後一天上市，相當值得。」

衝破金融寒流，締造驚人市值

但是，最後的上市價格到底是要訂三港元，還是訂四點一港元？中間可是相差了約三十多億港幣，超過一百億台幣。

對投資銀行來說，定價愈低，上市後的價差就愈大，利潤也愈大，他們自然希望旺旺把價格訂得低一些。但是對於旺旺來說，定價愈高，才符合原始股東的利益，也能創造公司的最大價值。

一個決定，就關乎上百億台幣。

連續幾天，蔡衍明反覆思考股東的結構、股東的期望和公司的價值。這完全看蔡衍明的決定了。

三月十三日，蔡衍明飛到舊金山時已經是凌晨一點多，從機場到飯店的車上，蔡衍明和財務總監朱紀文繼續討論，如果不能按照理想的價格，到底還要不要按照原定計畫掛牌？

距離三月十四日中午決定要不要掛牌的最後期限，只剩下不到十二個小時。車程中，朱紀文直陳金融風暴對定價影響太大，他個人不建議掛牌。事實上，參與投資的銀行也認為在金融風暴的影響下，掛牌對股價相當不利。

十四日接近清晨，蔡衍明才稍微闔眼。醒來的時候，發現有一張卡片塞在門縫下，署名是蔡紹中和蔡旺家，兩個兒子在上面寫著：「不論你做什麼決定，我們都支持你！」

十四日中午，蔡衍明將自己的決定告訴朱紀文，為了員工福利及公司未來，他還是決定要上市，但將招股價從每股四點一港元的價格下調至三港元，讓所有參與重新上市的股東和員工都能受惠。

二〇〇八年三月二十六日，中國旺旺頂著金融寒流，如期在香港上市，於其中一舉集資八十二億港元，以規模來看，比起二○○五年富士康上市募集的三十七億港元還要多。雖然受到金融風暴影響，本益比只有約二十倍，但是旺旺的總市值還是達到了五十一億美元，暴增二十億美元，比起從新加坡下市前，整個企業市值增加了一點七倍！

第4節

唱旺下鄉：台灣人如何投資自己？

從二○○七年下半年開始，全球市場因為半世紀來罕見的金融危機而長期景氣低迷，唯有手上握有充足現金的企業能夠生存甚至擴張，這也是所謂的「現金為王」，旺旺集團正是這類企業的代表。

從旺旺最新的財報來看，至二○一一年底，旺旺在銀行存款餘額為十四點三七○億美元，還比二○一○年增長了百分之五十八點六；而且旺旺集團有百分之九十五的現金是人民幣，顯示在不景氣的時代，旺旺能擁有充足的現金及銀行信貸額度，既能滿足集團營運資金的需求，也能滿足將來投資機會的資金需求。

手握大量現金，不景氣中仍保有高成長性

特別是在人民幣逐漸成為亞洲最強勢的貨幣時，旺旺擁有的現金有百分之八十五是人民幣。

由於旺旺的主要市場在中國，本來就收得人民幣，在人民幣不斷升值之際，全年的匯兌收益非常驚人，像二○○七年還是以一美元兌人民幣七點五五元，到了二○○八年上半年，人民幣已升值到六點九九元兌換一美元，這之間就有百分之十左右的匯兌收益。

以二〇〇七年旺旺稅後淨利約賺二億美元為例，人民幣的匯兌收益就是二千萬美元，而旺旺的庫存也一樣用人民幣計價，完全是人民幣收益、人民幣計價的公司。中國經濟快速發展之際，許多國際投資機構都想炒作人民幣未來的升值，蔡衍明半開玩笑地說：「我看大家不用炒了，只要來投資純收人民幣的公司就好了。」

除了「現金為王」、握有大量人民幣，在許多投資機構眼中，旺旺的價值主要還是不景氣環境中的成長性。

例如在二〇〇八年底，在香港的八百家上市公司中，總共有六十五家台商，面對金融風暴，只有七家台商逆勢成長，包括旺旺、富邦香港、九興、瀚宇博德、康師傅、大成、統一等，其中旺旺二〇〇八年的營收成長四成，獲利高達二點六億美元，讓旺旺穩坐中國休閒食品市場的龍頭地位。

這種成長的動力，主要來自中國市場的深度。大陸平安證券分析師陳遜曾經公開對媒體指出，旺旺在中國大陸的市場渠道擁有強大優勢，已經鋪到鄉鎮等五級市場。「這種強勢的渠道，在行業內只有『娃哈哈』（中國的飲料生產企業）能與之匹敵。」陳遜強調。

深耕大陸的台商回台投資

由於旺旺等台資企業在大陸深耕開花，等到兩岸政治情勢和緩後，台灣的證交所也開始鎖定以台商為主的外資來台上市，希望逐漸形成「台商回家」的群聚效應，旺旺便是受到政府鎖定的代表性台商。

二〇〇八年十二月八日，當時台灣的行政院長劉兆玄親自率領副院長邱正雄、政務委員朱雲鵬等財經閣員，在官邸宴請蔡衍明，一方面針對兩岸開始鬆綁的規劃與蔡衍明交換意見，另一方面也希望藉由中國旺旺回台上市，為低迷不振的台灣股市注入強心針。

其實從馬政府上台後，旺旺集團就曾表示認同鬆綁兩岸的政策和政府拚經濟的決心，評估各種回台灣投資的可能性。旺旺的決策權都在大股東手裡，馬上可以做出決策，不像別的台商，股權分散在國外股東手中，許多決策都要國外股東同意。

二〇〇八年八月，中國旺旺正式送件，申請發行台灣存託憑證（TDR），成為新政府上台後，首家返台掛牌的海外台資企業，釋出蔡衍明個人於中國旺旺的持股達一億美元，預計募集台幣三十多億元資金，擴大在台投資食品、通路及觀光休閒行業。為避免中國旺旺股權過於分散，這次回台發行TDR，中國旺旺不會發行新股。

這一股在中國耕耘有成的台商力量，正在悄悄改變台灣的財富版圖，成為新一代的贏家。

兩岸解凍後，台灣如何從中真正獲益？

事實上以出口導向為經濟型態的台灣，在全球金融風暴中是受創最深的市場之一。蔡衍明就說，看見台灣人的生活變得辛苦，他心裡並不好受，在大陸獲利賺錢的成就感也減少了大半。

「人家說我很有錢，反而我變得很不好意思，因為人家都沒米吃，我還說吃大魚大肉，只是多被人罵！」蔡衍明坦承這種微妙心情，如果大家日子過得好，他走出去可以更「大牌」。他認為要不是從一九九〇年代中期開始，台灣對大陸採取閉鎖政策，否則台灣早有機會變成全球最富裕的一塊樂土。

而自從馬英九上任之後，兩岸關係開始解凍，大陸資金可以到台灣投資，造成另一股陸資來台的熱潮。但是蔡衍明認為，台灣人的心態如果不完全改變，一切會只是表面上的投資而已。像二〇〇八年時，許多大陸房地產商人來台，行程結束之後也公開坦承：根本不可能到台灣投資，那都是台灣商人自己炒作出來的消息。

台灣不只產業結構要調整，心態也要調整，主要是台灣人的心態還停留在過去，把大陸人當做是爆發戶、「田僑仔」（因田地致富的後代），甚至打從心底看不起大陸人，但蔡衍明觀察，大陸經過三十年的改革開放，厲害的人已開始冒出頭來了，這些人的成功不只是靠關係而已，他們是憑實力致富的。而且大陸人會這麼笨，跑到一個被別人看不起的地方投資嗎？

台灣人把大陸人當凱子，其實是不了解大陸人。台灣人想要吸引陸資，心態上要重新調整，開始思考台灣到底有哪些條件真正可以吸引大陸投資客。事實上過去十年來，蔡衍明個人及其家族投資台灣的金額每年都在增加，包括投資旺旺友聯產險、神旺飯店、神旺商務酒店及新莊工廠等，金額已超過新台幣五十億元，集團旗下宜蘭食品在台灣的業績也仍維持每年成長。

例如二〇〇七年蔡衍明入主旺旺友聯產險，到二〇〇八年就已經展現旺盛活力，簽單保費收入六十六點二八億元，業界排名第七，較前年成長百分之十三點五八，排名第二，僅落後二〇〇八年購併中央產險的友邦產險不到零點五個百分點。

蔡衍明卻認為這還不算是真正的「投資」，旺旺只是買幾家公司，這樣其實是「沒路用」的，因為這些公司原本就存在，只是換老闆而已。他認為，旺旺真正想在台灣做的投資，是要能「增加就業機會、提升附加價值」的項目，這樣才會對台灣人民有幫助，但是也不能蓋工廠，因為台灣已經沒什麼成本優勢，而既然是投資，最後目的就是要賺錢。「我如果實在想不出來要投資什麼，或許純做公益就好了！」蔡衍明感嘆地說。

從企業的角度來看，蔡衍明認為要改善台灣經濟的問題，不外乎「開源、節流」。在「節流」方面，就是節省政府無謂的開銷，例如外交部的「巴紐建交」醜聞，花費了數十億美元，而這可能只是冰山一角而已，過去台灣為了拚外交，不知花了多少千億給不知名小國，所以他認為外交休兵，至少可以幫台灣「節流」，省很多錢。在開源方面，目前似乎只有觀光業比較有機會。

而有些人認為，蔡衍明是因為在大陸賺了錢，才會強調大陸的優點。對於這點，蔡衍明馬上反問，旺旺在台灣也很賺錢耶！旺旺至今仍是台灣米果的第一品牌。而另一方面，他從二十年前就「登陸」，在大陸受的苦，會比別人少嗎？

剛到大陸的時候，地方領導講的每個字他都聽都懂，然而他聽不懂那些話真正的意思，走了很多冤枉路。但是現在眼看著大陸一直進步，他心裡很矛盾。

「我看見大陸的領導班子愈來愈年輕、素質愈來愈高，觀念愈來愈新。」蔡衍明語重心長地提醒，台灣不要只是看別人的過去，每個人都有過去，重要的是學會看未來，看見別人的優點。

第十一章　世界戰場

企業發展至高峰，要如何進一步突破？其實在中國市場做到最大，也就等於世界最大，於是旺旺一方面進攻國際市場，同時以多元產品策略衝高中國市場消費率，並且引進最新的資訊管理，讓傳統食品業不斷變身。

第1節　嬰兒米果攻入國際市場

一八六六年，通用磨坊公司（General Mill）從美國明尼蘇達州密西西比河兩岸的麵粉工廠開始發展，現在經營六十多種品牌，包括台灣人熟知的「綠巨人」玉米罐、「哈根達斯冰淇淋」等產品。

通用磨坊公司以生產餅乾起家，各種品牌光是美國市場就可銷售八十億美元以上，穀物早餐仍是超過五成的獲利來源，說明了固守本業和主要市場就能成為世界級公司，也難怪蔡衍明自信地說：「我認為只要在中國做到最大，就可以成為世界最大公司。」

具有國際水準的旺旺米果製程

中國戰場，就是世界戰場，經營者必須專注於最大的可能性。蔡衍明認為，大陸市場消費人口比美國多四倍，如果以通用磨坊作為標準，等於可銷售三百億美元，相當於二千億人民幣，而二〇〇八年旺旺的營收是三百億人民幣，所以內部主管認為，旺旺近五年的目標至少要做到人民幣一千億元。

二〇〇九年年初，歐盟食品安全總署（EFSA）特別派出一組食品科學家來到中國，因為有愈來愈多的中國農產品輸往歐陸，如果這些農產品是經由「基因改造」而來，對於人體健康的影響不可預期，所以特別要求前來中國檢測農產品，並了解食品加工狀況。

中國政府為了讓歐盟了解中國食品業的水準，便安排具有代表性的食品廠商來接待這些食品科學家，其中穀類的食品企業選中了旺旺。

事實上，中國國內的確有很多農產品採用後果未知的基因技術，讓農產品比較不易受到病蟲害的侵襲，卻不清楚對人體可能造成的影響。旺旺是中國最大的稻米加工企業之一，從稻米的生長環境到後製加工完全監控，因此讓歐盟人員滿意地離開。

「旺旺等於是把國際水準帶入中國。」旺旺國際事業總處總處長梅鴻道指出，這種大宗製造的食品，原本都是歐美先進食品公司的天下，而旺旺花了二十年時間，在中國建立了自己的大米加工生產體系，等於讓中國的農業發展比較穩定。

梅鴻道曾是全球前三大食品集團「聯合利華公司」的大中華區行銷總監，他早在一九九八年就決定加入旺旺，當時他看準了中國市場需要摸索出自己的經營模式，所以毅然決定離開制度和福利皆優渥的外商企業。

但是，難道外商無法在「大中國區」發展出特有模式嗎？

懂得中國市場的變化，但理念不變

九〇年代時，大部分外商都用自己原來的成功管理模式硬套到其他市場，但他們根本無法想像中國市場力量如此巨大。在當時，梅鴻道所有的決策都要經過一層一層報備，而在所謂的「矩陣式管理」之下，主管還不只一個，有「直線」也有「橫向」管理，等一個決策批下來常常已經過了半年，這時市場競爭的狀況可能又已改觀。

「這也算是一種『緣』吧！」梅鴻道指出，反觀進入旺旺之後，決策過程很短，通常研擬出一個計畫之後，不用兩、三次開會，董事長就可以直接做出決定，而且從中國人的另一種角度來思考。再以外商擅長的行銷策略來說，從打廣告開始，強調「目標精準」、劃分「市場區隔」及年齡層等，但是不可諱言，好的市場調查成本很高（見第七章第四節），又費日曠時，還不如有經驗的管理者實地用觀察力、洞察力來做決策。

蔡衍明對於產品市場有天生的敏感度，不用靠市調。梅鴻道印象最深的是，蔡衍明常常看著市場數據，對他說：「這不是和我先前想的一樣嗎？不用做調查，我就可以對你說，會有怎麼的成果！」

「懂得變，但理念不變！」梅鴻道指出，這是他對旺旺「自信」的體會。

但米果拓展全球市場的腳步再快，仍然比不上中國市場的高度成長。蔡衍明每次遇到海外的投資邀約，只能萬般無奈地說，旺旺很珍惜適當的海外投資機會，「但現在，中國市場就已經做不完了！」

如果說，全球股神巴菲特在西方食品業投資的是「卡夫食品」（KRAFT），香港「經營之神」李嘉誠在眾多食品企業中，選中的投資目標則是「旺旺」。

卡夫是全球前三大食品公司，經營項目包括餅乾、麥片、濃湯等產品，但主要是西方消費者市場習慣的產品，如果要經營東方市場，少了東方人習慣的米製食品，就等於少了進軍亞洲市場的終極武器。

以亞洲市場的數據來看，根據市調機構「ＡＣ尼爾森」的統計，韓國人一年平均吃掉約二點二公斤的休閒食品，日本人約二點三公斤，而大中國市場每人平均只吃了零點六公斤的零食不到，是日本人的四分之一。

不過光是中國人口規模，就是日本和韓國相加總和的十倍，以休閒食品的成長空間來說，要達到日韓每人平均食用休閒食品的水準，等於有四十倍的發展空間，說明中國市場還有巨大的胃納量。

特別是在全球「健康減重」的風潮下，許多家長開始質疑油炸薯片、薯條等產品，而許多種類的米果在製作過程中並不需要油炸，是用烘焙的方式快速膨脹起來，可說是大米加工的製程優勢，這讓中國第一大米果休閒食品公司旺旺，比其他休閒食品廠商搶得更關鍵的成長位置。

逐步進軍歐美的嬰兒米果市場

米果的含油量只有洋芋片的百分之三十，等於低了七成以上。事實上，西方世界也愈來愈了解「米製品」的優勢和威力。二〇〇九年時，全球最大的連鎖超級市場「沃爾瑪」，在全美國有三千多個據點販售旺旺的米果品牌「Hot Kid」，二〇一〇年營業額更開始以兩位數的幅度成長。

不過，旺旺出口到歐美市場的產品和亞洲販售的米果不同，主要是把米果做成了「脆餅」的薄片型式，和洋芋片相似，讓消費者不至於感覺差異太大，而薄片產品也可以作為搭配各種塗醬的點心。

「米果」進入西方市場時，就成了「餅乾」類型，選擇經銷商時也會特別注意經銷商的類型。美國市場有的經銷商擁有大型的儲藏空間、大批的運貨車隊，擅長經銷及運送主流且規模量大的產品，但是不一定擅長經銷利基型的特殊產品，像米製的點心就不是大量規模的主流型產品。

梅鴻道指出，旺旺於一九九三年左右開始進軍北美市場時，選擇的就是「特約型」的產品經銷商

（Specialist），而不是「全國型」的進口經銷商（National Import）。這種特約型的經銷商有一好處，由於是代理經銷較特別、較新的產品，也就會特別配備業務員向零售點專門說明。

例如從一九九八年開始，旺旺推出「嬰兒米果」，這是一種以精米磨到最細、烘焙給幼兒吃的米果，由於健康不油膩，米的營養成分豐富，加上容易消化，早在一九八〇年代，日本就以之做成給小孩收涎、磨牙用的嬰兒健康產品。

這項產品初初推往歐美時，一般市場還不了解其優點，但隨著專門經銷商的推廣，「嬰兒米果」已成為許多西方父母的選擇了。

這也是「從小培養消費習慣」的一個契機。在北美地區經過十年的努力，旺旺的「Hot Kid」已是美國、加拿大的領導品牌，二〇〇九年在美國市場已突破一百萬箱。

這個數字雖然比中國的銷售數量少了許多，但是在麥類為主的歐美飲食文化市場，已形成一個突破市場的缺口。目前歐美的嬰兒米果市場有一半是「Hot Kid」的天下，未來預料將繼續席捲其餘百分之五十的市場。

第2節 擁擠的夫妻老婆店

「現在大陸的夫妻老婆店都被擠滿，後來的品牌根本沒有空間了！」蔡衍明感慨地說。

以大陸通路來說，通路的最終端是村裡的小店。一家十坪大的小賣店，很多都是由夫妻兩人所經營，也是一般所稱的「夫妻老婆店」，分布範圍深入一般城鎮和鄉村。大陸有數十萬家這種「夫妻老婆店」，可惜的是空間狹小，能夠陳列的空間有限。

這也是「世界戰場」的真相：產品愈來愈難推上商品陳列架了。旺旺過去也曾想自己開設旺旺直營店，想要展示完整的產品線，畢竟小賣店的空間有限，只能展示極少數產品；幾經考慮，最後管理層認為如果只具「展示」功能，其實不需要浪費人力物力的成本。

從「搶攻市占率」邁向「衝高消費率」

只要觀察第一線的商品變化就可以發現，中國市場近幾年來已經有很大的改變，十幾年前只要東西好吃、價格合理，廣告打一打，讓消費者看了很感動就會去買。但是現在已經不同了。

中國有成千上萬的食品工廠，每天生產那麼多商品，但是像「聯華超市」、「羅森」、「可的」、「7-11」等便利商店，每個店面就只有那麼十幾坪大，要怎樣讓商品上架、讓消費者買得到，成為現在食品業者最重要的挑戰。

換句話說，關鍵在於怎樣能夠把食品賣出去，因此食品業的行銷業務能力變得非常重要。蔡衍明強調，由於食品生產技術發展到一定的階段，技術門檻的差異和障礙已經都降到很低，幾乎沒什麼特別，因此業者生產食品來迎合消費需求時，最重要的已經不是怎麼生產，而是有什麼點子（idea）、到底要生產什麼。

原則上，旺旺所推出的新產品，都是經過全盤考量、認為有利可圖的產品，如果真的賣不好，相關團隊會坐下來認真重新試吃、重新企畫。畢竟推出一項新產品，所投注的人力物力等資源是相當可觀的，如果覺得還有救，就會試著用別的方式看看能否讓產品復活，萬一真的不行再判它死刑。

大陸市場開始面臨「品牌高度集中」的狀況，等於是從搶攻「市場占有率」邁向衝高「市場消費率」的挑戰過程。

過去把市場視為一塊一百等分的大餅，企業在其中爭取其「占有率」之地位；如今所謂的「消費率」，指的則是人們購買產品的意願和動力。誠如第七章的「應有市場論」提及，整個市場的板塊邊界已不能用「市占率」來限制，因為大陸人民的消費力正在快速崛起。

提升消費率比提高內需建設更能增加GDP

這個「消費力」也是大陸目前最重視的問題。所謂「消費率」，又稱「最終消費率」，是指在一定時期內，「最終消費額」占「國內生產總值使用額」（國民支出總額）的比重，用公式表示為：

消費率＝（最終消費額／國內生產總值使用額）×100％。

多年來，中國大陸一直探討「儲蓄率過高」與「消費率過低」的問題，這是大陸內需無法提高的直接原因之一。（自從二〇〇三年以來，大陸的儲蓄率一直高達百分之四十五以上，但消費率不到百分之五十。）

「消費支出的不足，是因收入分配不均所造成。」英國經濟學家凱恩斯（John Maynard Keynes）指出，由於收入大部分進了富人的口袋，大部分財富只會被儲蓄起來；唯有把國民收入的大部分交給低收入的家庭，才能提高消費支出。

也因為消費率偏低的現象和社會分配不公有關，所以大陸近年特別重視農村消費能力的問題。

農村人口占中國大陸人口近百分之七十，為了拉升這一塊的「消費力」，大陸近年來大力提升農村居民消費水準，希望突破城、鄉分割的二元化結構，建立健全的農村社會保障制度，完善農村商品流通體系，來啟動農村消費市場。

事實上，提升消費率已不僅是解決農民問題而已，而是整個中國的經濟挑戰，大陸經濟學者就指出，假使如同二〇一二年第一、二季，大陸的經濟成長不到百分之八，則「消費率」拉動中國經濟增長的貢獻程度會比投資內需建設還高，因此重要性不言而喻。

由經銷商帶頭滲透「夫妻老婆店」

怎樣讓消費馬車盡快跑起來，是大陸政府急欲著手解決的問題。而對企業來說，產品銷售的增加取決於商品在市場上的「滲透力」，這又來自於經銷商的自我成長和企圖心。每一個經銷商都像一個地區的企業家一樣，以更深一層的角度來觀察市場，例如大陸的「夫妻老婆店」喜歡什麼「胃口」，湖北省仙桃市「興鴻發商貿有限公司」的董事長吳華章最懂。

「我們的生意就是靠下面千千萬萬的小店來支撐，所以服務一定要做好！」吳華章不吝惜和人分享他分銷到終端店面的經驗。每一個經銷商有自己的業務員，過去業務員一進店門只會問老闆「要不要貨」，如果老闆說「要」就訂貨了，說「不要」，業務立刻走人，而他認為，這樣的服務方式已不合小店老闆的「胃口」。

吳華章要求業務員一定得做到三點：第一點就是要尊重老闆，一進店要先向老闆打招呼，並幫忙招呼生意，給老闆留下業務人員素質一流、精明幹練的印象。

第二點，是展現勤奮。吳華章提醒業務員先不要張口就問老闆「要不要貨」，而得是問老闆的店面需不需要清理一下，幫老闆做一些產品陳列，讓老闆感覺業務代表很勤快。

第三點，是專業判斷。商品整理好之後，業務員可以主動提醒老闆，哪一些品項缺貨了、什麼產品該準備進貨了、什麼產品已經為他陳列好了等等，如此一來，老闆會感覺到業務員很專業、很用心，才會開始心悅誠服。

不過最難的是「推銷新品」，這需要用到一定技巧。吳華章認為要推銷新品，一定要引起老闆的興趣，才有可能成功，所以一定要不著痕跡地告訴老闆。比如說，店裡要進的貨都已卸完了，但是車上還有一項新產品，在別人的店裡很好賣，不知道老闆想不想賣？

「通常老闆都有好奇心，想要看一下，這時業務員才對老闆分析新產品的利益點、利潤點、適合哪些消費者等等。」吳華章說，老闆把話聽進去後，八九不離十會說：「我們先試一下吧！」

吳華章強調，這些語言並不深奧，卻能讓老闆感覺到尊重及主動，這樣一來就把產品分銷進夫妻老婆店了。

第3節

用ＩＴ戰鬥力嚴打

二〇〇九年三月十一日上午九點，所有的事業群主管回到總部禮堂集合，參加「嚴打誓師大會」。

「我向旺旺股東及五萬名旺旺同仁宣誓，將以嚴肅的態度、必勝的決心，貫徹帶領旺旺人執行本次的嚴打使命，」蔡衍明站上了講台，環顧四方宣示，「務必在三年內完成打下旺旺百年基礎之旺業，如效力不彰，我將自行下台！」

台下主管表情肅然，所謂企業「嚴打」的運動正式展開。就像二〇〇三年的「破冰之旅」一樣，蔡衍明認為，改革一定是從內部做起，檢討也是從自己做起（見第八章第三節），但這次「嚴打」最特別之處，不只是從內部開始檢討，更是從「主管」開始檢討，也就是「從上到下」，不像一般企業從基層員工開始整頓。

蔡衍明強調「嚴打」針對主管，只有主管洗心革面、真正覺悟，讓無心、無道德心的主管提前離開公司，才能讓組織發展得更健全。

推動「嚴打」，組織革新由主管做起

「我常常想，每一年都有許多年輕員工帶著希望前來公司，每天早上充滿活力走進辦公室，後來為什麼會失望離開？」蔡衍明指出，年輕員工如果得不到適合的任務、沒有得到好的指導，做事自然沒有成績和成就感，再努力也是事倍功半，這些都是主管的責任。

其次，主管必須徹底召集內部會議，讓幹部和員工共同找出改進流程的方式，而且不管是工廠或營業所的員工，都要有溝通和發揮才能的機會，讓他們對組織產生認同，年輕的人才就能慢慢地培養出來。這是現任主管必須具備的責任和擔當，所以「嚴打」當然要針對主管。

再者，主管負有考核的責任。蔡衍明強調，要做到真正的獎、真正的懲，才能讓有心、用心的年輕員工，加入旺旺之後就不會再離開。「真正的獎懲」是透過強力的審核，包括工作事項的追蹤與考核來決定工作績效；主管若沒有做到強力客觀的審核，則他自己就是第一波「嚴打」的對象。

問題是，中國幅員這麼大、旺旺工廠這麼多，員工的考核一向困難，這是過去內部管理成效一直達不到蔡衍明要求的原因之一。

這也是「世界戰場」最大的挑戰。隨著旺旺的上百家工廠、營業所發展遍布全中國，加上醫院及房地產事業，蔡衍明的改革步調一刻也不能停歇。二〇〇九年一月開始，他任命四十一歲不到的資訊處處長詹豫峰出任集團總幕僚長，作為內部改革的旗手。

集團管理資訊化，傳統食品業持續升級

詹豫峰出身軍人世家、曾經擔任台灣上市科技公司的資訊管理主管，蔡衍明希望借重他的專業，將台灣引以為傲的ＩＴ電子業全球管理能力引入食品產業之中，改造旺旺這家擁有四十年歷史的休閒食品公司。

事實上，詹豫峰從二〇〇六年就開始用資訊化流程來推動旺旺的現代化管理。在個人電腦剛剛開始普及的九〇年代初期，蔡衍明如果要了解公司的最新管理資訊，必須由總部向各分公司的財務人員催索資料，他們再向集團財務部匯報各項數字資料，然後由總部人員彙整形成「財務總表」上報，讓蔡衍明了解公司的財務狀態。

相關資料包括生產、原料、出貨等資訊，再加上市場的最新營業資訊，要從各地準確地傳遞到上海集團總部，然後經過整理、分析，再迅速將資訊回饋到各個地方，整個過程大約需要花費十天左右。

「我們當時要先救急，才能再救窮。」詹豫峰形容剛開始推動集團資訊管理化的心情。他記得，當時旺旺全中國各分公司只用微軟的EXCEL軟體來記錄各項數字，然後匯集在一起；當時總部設有一個「資料倉儲料」，有七、八名員工專門匯整這些資料。其實只要資料的儲存和管理格式完全統一，利用

當時剛開始發展的「資料庫」管理系統，地方分公司和總部就可以同一時間看到所有資料。

詹豫峰指出，他第一步先求財務資訊流通順暢，以減少集團的溝通成本。他運用系統化管理方式，將總帳、出納系統、合併報表系統全面驗收上線，於是不到三個月內，原本需要十天的資訊管理過程就縮短成三天。

接著，他馬上再開始推動地方和中央統一報表。這也是所謂的集團中央地方「一套帳」，避免集團中有「資訊孤島」的存在。這也是阻力最大的時期，因為牽涉到所有的單位部門，每一個分公司和各部門都有自己的記帳方式，詹豫峰苦笑著說，那時最常聽見的就是「這個不行，那個不行」！

第三步則是「資料自動化」，從二〇〇六年中開始，總部就可以及時監控各關係企業的財務狀況，包括近兩百家分公司的總帳、一百五十種個別報表、近百份合併報表上線。到了這時，整個管理分析報表的時間已縮短至半天，企業經營的風險就更小了。

更重要的是，全中國各分公司的資訊整理和分析統一起來之後，內部凝聚力大增，整體利益和綜效開始顯現出來。而原本只是一天到晚催討資料、合併數字的總部三十多名財務人員，負責的業務也開始轉型，從原有的核算角色，轉變成更高級的分析型人員。

以科技的力量，讓組織運作更有效率

從「電腦化」到「資訊化」是一個過程，而從「資訊化」到「管理化」又是一個過程，特別是到二〇〇六年時，許多資訊管理科技已相對成熟，詹豫峰謙虛地說，資訊科技的發展一日千里，讓旺旺的資訊管理很快追上一流企業，也讓他可以「利用科技的力量，提升公司的戰力」。

事實上從二〇〇六年下半年開始，資訊處又開始推動視訊系統，更讓許多事業部門的總經理和總監「戰力」倍增，各事業群主管不再需要經常奔波於全中國一百多個工廠之間，開會時只要打開電腦螢幕，就可以看見各地的同仁，不但節省了每年數千萬人民幣的出差費，更節省了動輒半天、一天的往返交通時間。

其餘需要整合的「戰力」，還包括全中國三百多間營業所招募的兩萬多名業務代表，誠如第八章第二節提及「業務代表是孤獨的」，他們很需要密集的培訓和打氣、更多的交流和經驗分享。過去營運總部持續推動員工培訓，但是有了「視訊會議」系統之後，不管人是在上海還是烏魯木齊、在成都還是瀋陽，從螢幕上就可以看見對方，快速進行「一對多」、「總部對地方」、「地方對地方」的快速培訓，不需要大隊人馬召集、移動。

節省下來的時間可以衝業績，節省下來的金錢可以提升經營數字，這是科技提升戰力的第一步。旺旺要在全中國成長得更穩健、讓分布全國的組織運作得更有效率，那麼從生產到銷售的每一個管理流程都要環環相扣，才能做到真正的產銷平衡，這也是蔡衍明推動「嚴打」的主要目的，而資訊科技（ＩＴ）是在全中國市場做到產銷平衡的關鍵。

以庫存來說，不管是生產原料的庫存，還是營業所或通路經銷商的庫存，存放的時間都必須愈短愈好，不只因為庫存會影響到資金運用，更重要的是原料和產品都要愈新鮮愈好，因此從原料的入庫時間到產品出售時間的掌握就更重要了。

特別是許多農產品都有季節性，產品的銷售也有季節性，當然經驗的判斷和敏感度很重要，但是有了ＩＴ部門的協助，必然能讓「經驗值」發揮到最高：產品賣了多少？還要生產多少？要準備多少原料？而且全國的銷售管理及戰情問題隔一天就結算出來，於是生產和銷售部門可以根據ＩＴ系統即時傳回來的數字共同討論，做到真正的「產銷平衡」。

更重要的是，蔡衍明不管是坐在台北還是上海的辦公室裡，都可以直接看見一百多個生產基地的生產過程。蔡衍明的辦公室裡有一大面電視牆，可以隨時切換到不同頻道，直接和各個工廠或是營業所員工對話。

這也是從二〇〇九年開始，蔡衍明可以一面推動本業的改革，一面在台灣和香港大舉展開購併的原因（見第十二章）。

第4節

不景氣，更要拜拜！

「過年不送『旺旺大禮包』，當心一整年都不旺喔！」這一句台詞，曾讓一些家長跳腳，因為有一年的舊曆年，一位真的沒有買到「大禮包」的顧客投書給媒體，引起熱烈討論。

這位學生家長向媒體表示，新年期間他遇到了一件頭疼事，就是孩子天天鬧著要吃「旺旺大禮包」，因為孩子說如果不吃就會學習落後、百事不順，「連老師都是這樣要求的」，學生向家長強調。

吃「旺旺大禮包」象徵事業與學業皆興旺

為此，大陸的媒體實際走訪市場，南京的一名小學生就告訴媒體記者，他的很多同學都可以把「旺旺」的廣告詞倒背如流。「每到放假的時候，老師都會送一袋『旺旺』給我們，特別要求我們過年時一定要把它全部吃光！」南京的小學生告訴記者，要把「旺旺」吃光，新的一年才會運氣好、學習好。

經過當地記者進一步了解，這些旺旺產品並不是學校或者旺旺集團送的，而是老師自己掏錢買的，主要是因為旺旺口味獨特，而且可以鼓勵小朋友充滿信心地學習。

記者發現，讓孩子們留下最深印象的旺旺電視廣告，是過年時密集播送的「唐先生篇」，主要的劇情是這樣的：唐先生一家原本每年都會收到陳先生送的「旺旺大禮包」，那幾年之間，事業和家庭也一直是直線上升、旺上加旺，但最近兩年沒收到陳先生的「旺旺大禮包」，結果事事變得直線下滑、倒楣透頂。

為了改變家道中落的現狀，春節前夕，唐先生十來歲的兒子省下零用錢，買來了「大禮包」送給父親，唐先生頓時淚流滿面，跪倒在「旺旺大禮包」面前……

春節期間，全中國各大電視臺幾乎都放送了這則廣告。大陸媒體實際進行訪查，發現不少人說剛開始看了唐先生廣告，先是一笑置之，覺得這不過是商家的噱頭而已；可是日子久了，心裡就不舒坦了，尤其是孩子們心裡會想：「今年我們家還沒收到『旺旺大禮包』，會不會因此重蹈唐先生的覆轍啊？」接受採訪的學生家長說，看了這樣的廣告，不光是孩子，全家人都有了心理負擔，於是趕快去買份「旺旺」回來避邪！

但因為這支廣告容易造成消費者心裡的「陰影」，後來旺旺顧及社會感受，就沒有再播放了。這也說明了中國社會中無形的偏好和禁忌，產品能夠帶來「喜氣」和「吉祥如意」的意涵是很重要的。

特別是大陸改革開放之後，商業活動一夕之間百花齊放，也出現更多的禮尚往來、節慶時的互動，形成商業社會的另一種成規，而這剛好是「旺旺大禮包」銷量直線成長的溫床。

「旺旺大禮包」打中節慶送禮市場

顧名思義，「大禮包」就是「送禮用」的包裝，適合作為拜訪親友時準備的禮品，而裡面全部是旺旺的多款產品，包括各種雪餅、仙貝等米果，也有各種糖果。

早在一九八八年，旺旺率先在台灣推出「旺旺大禮包」，成為過年時超市、大賣場最熱門的商品之一。到了一九九五年，旺旺也開始在中國推出這些產品，專攻大節慶及假期的禮品市場，主要以農曆春節為主。

許多員工注意到蔡衍明每一次拜拜都很用心，他會注意每一種產品前所插的炷香有沒有燒完，但是他不會要求員工一定要拜拜，像本身信仰天主教的梅鴻道就說：「我們是一個不迷信的公司，卻是一個充滿虔誠信念的公司！」

每逢初一、十五和初二、十六是民眾拜拜的日子，就像西方人每週上教堂一樣。而中國的四大節日，包括清明、端午、中元、中秋等，都有盛大的祭拜儀式，也是商品消費的高峰，如同西方的感恩節、耶誕節一樣是消費旺季。

節慶是生活上一種歡樂的平台、一種特殊的紀念時段，於是催生了「大禮包」這樣的產品。就像歐美的耶誕節是消費旺季，中國的過年節慶期間也是「大禮包」部門最忙碌的季節。「因為禮只能早送，不能晚送！」曾經負責大禮包的直營總經理、現任通路發展事業部總經理的崔玉滿說。

事實上從過年前至少兩個月，廠商的訂單和打款動作都要完成，否則最後一定塞車，因為大禮包有百分之九十的業績來自過年節慶時節。

除了過年之外，旺旺也開始將大禮包的宣傳範圍擴大至傳統節慶以外的時間，並增加大禮包內的產品種類，成功推出專為各種節慶設計的大禮包，讓旺旺成為中國節慶禮品的銷售專家，利用一波一波的節慶熱潮，業績大幅成長。二〇〇一年崔玉滿接手大禮包業務時，相關營業額約是六千萬人民幣，到了二〇〇五年夏天已翻了約四倍，達到二點三億元，又過三年，二〇〇八年已經突破了九億人民幣。

也是拜大禮包從二〇〇一到一〇年連續十年大賣之賜，大禮包當中的米果產品，竟占了米果事業群一到兩成的銷售量，於是旺旺也在中國註冊「大禮包」商標。

多樣化的產品組合，帶動生產與行銷動線

除了喜慶需要的因素，大禮包的成功主要有三個步驟：第一步，大禮包一開始是用受歡迎的產品打頭陣，為顧客挑選出精華商品；第二步，從容易賣的市場先突破，得到消費者認同後變成風潮；第三步，是不斷升級，充分把握了中國（尤其是農村地區）可支配收入逐漸提升的機遇。崔玉滿指出，一開始大禮包是以二十五元產品為主力，但隨著消費水準的提高，三年後的主力商品變成三十五元，而且也提高包裝質感，將包裝不斷優化。

隨著大禮包站穩市場，主要的效應有三：

第一：帶動生產線稼動率。旺旺的許多食品都能隨著節慶的高峰，創造新一波銷售熱潮，除了完成原本的產銷計畫，也更加充分利用既有的生產線。

第二：帶動新產品認知。由於大禮包內有許多產品，如果趁機加入消費者比較少吃的產品，就變成一種「試吃」的機會，所以在旺旺的行銷策略中，大禮包也是將新產品推向市場的有效方式。

第三：成為回歸中國文化的品牌平台。由於大禮包與節慶、送禮的時機緊緊相扣，也就讓「旺旺」這個品牌充分結合文化效應，

也是因為「大禮包」具有這樣的效應，旺旺開始將大禮包的應用範圍擴大，藉由改變大禮包內放置的產品種類，推出個人喜事到家庭喜慶等不同商品，像是送給新生兒家庭的專用大禮包，或附送旺仔掛件等。所以，即使中國已變成了「世界戰場」、與外商食品公司之間的競爭愈來愈激烈，但是配合中國人的節慶心理，加上「旺旺」的品牌名稱剛好在中國文化裡象徵著經濟騰飛和國運昌隆，在在都是旺旺品牌的最大優勢。

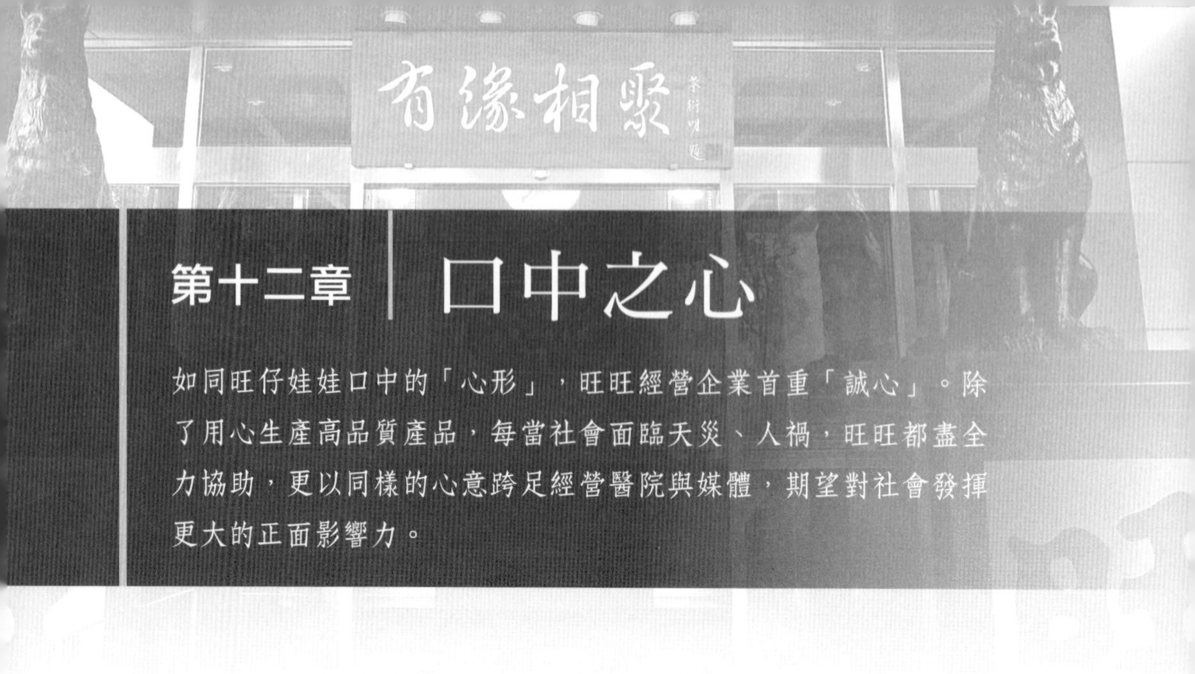

第十二章 口中之心

如同旺仔娃娃口中的「心形」，旺旺經營企業首重「誠心」。除了用心生產高品質產品，每當社會面臨天災、人禍，旺旺都盡全力協助，更以同樣的心意跨足經營醫院與媒體，期望對社會發揮更大的正面影響力。

第1節 災情就是命令

清晨三點，位於四川的旺旺成都總廠房的米果乾燥機準時暖車。

二〇〇八年五月十二日這一天就像平常一樣，五百名員工從早上七點半的「旺旺精神操」展開一天，然後走進廠房，準備一日使用量達十公噸的大米、生產出一萬箱的米果，供應一億多人口的大西部市場。

下午二點二十八分，八條生產線的上萬片熱騰騰米果，正在輸送帶上經過品管的檢測，開始準備裝箱，這時工人們突然感覺到一陣暈眩，連工廠的大門都忽左忽右、前晃後晃。

「辦公室所有人都衝出去了，我告訴自己要鎮定，只剩我一個人坐在椅子上！」旺旺四川總廠長陳漢華回憶。位於成都的總廠房距離汶川震央只有八十公里，廠房外壁馬上出現裂痕，有些機器的管線壞掉了，但更驚人的災情開始傳來。

五月十二日下午發生的「汶川大地震」，規模達到八點三，先是傳來至少有三萬人死亡的消息。坐鎮上海總部的旺旺集團董事長蔡衍明，自從地震消息傳來後，就一直緊盯著新聞的發展，當他看見新聞畫面中出現了一架架軍機前往馳援，馬上直覺反應：「災情一定比一開始的報導還要嚴重！」

台灣出生、長大的蔡衍明，對於地震並不陌生。台灣位於環太平洋的火山地帶上，發生五級以上的強震亦所多有。

不過台灣地形狹長，震央的五十公里範圍內都可以得到西部都市群完善的救援設備和組織，但四川的強震到底受害區域有多大？一時間沒有人知道。

第一家急助四川災民的台商

蔡衍明馬上請祕書及營運總處與四川總廠長及各營業所聯絡；其實，旺旺的所有廠房都有遠距畫面可以觀看現場實況，不過地震中斷了所有通訊。只見災情持續從電視畫面傳來，傷亡的數字和地震規模也一改再改，蔡衍明早就無心工作。到了下午五點，蔡衍明直接請「中國旺基金會」董事長趙宏利進總部，一起討論能夠馬上為災民做些什麼。

中國旺基金會是旺旺集團成立的非營利組織，旺旺每年都會從集團盈利之中撥出一定的經費給基金會，幫助各地的孤兒院和希望小學，此外也和活躍大陸的「宋慶齡基金會」合作，一起從事公益救助的活動。地震發生之後，趙宏利不斷從上海撥電話給四川台辦辦公室，想要詢問需不需要救難支援，不過，電話完全不通。

到了晚上六點，蔡衍明實在坐不住了，直接請趙宏利撥通北京台灣辦公室的電話，表示願意馬上捐出一千五百萬的人民幣和物資到災區，讓災民可以更快得到協助。

「你們是全中國第一家打電話來要急助四川災民的台商！」電話另一頭北京台辦的工作人員回答。趙宏利進一步表示，如果還需要什麼支援，旺旺也很願意配合。

下午七點，四川地區才陸續恢復通訊，成都總廠長的電話終於通了，廠房受損有限，倒是有兩名營業所的業務人員深入四川綿陽地區服務客戶，失去了音訊。蔡衍明得知後眉頭深鎖，另一方面要成都廠馬上盤點庫房約三百萬人民幣的物資。「馬上備妥物資，送到最近的物資集結站！」蔡衍明親自交代。

從四川綿陽，一直到接近青海省的山區，汶川大地震總共撕裂了近十萬平方公里的大地，更恐怖的是，第一週所有交通都中斷了，除了被震壞的山區道路，馬路也被私人用車堵滿了。

唯一能夠聯外的是航空站，但是政府徵用的民間飛機排滿了所有起降跑道，很多國外物資只能從重慶再轉送進成都。

五月十三日晚，在交通不便的情況之下，旺旺竟能將第一批價值十一萬人民幣的物資開始送達指定的救難分配地點，然後由大型運輸機直接空投到地震重災區汶川、綿陽、德陽、廣元等地。

「我在新聞上看見我們的產品被空投進災區的剎那，一切的努力就值得了！」陳漢華說。在地震隔天，就看見新聞上的空投畫面出現旺旺的米果，而兩天後的十五日開始，又有十五輛卡車把價值一百萬人民幣的牛奶、餅乾等物資運進重災區。

不要等上級的命令，災情就是命令！

旺旺在災後的第二天就開始實際參與救援工作、深入災區，而台灣最富有救援經驗的慈濟功德會，因為需要提出申請和調動物資，比旺旺晚了兩週後才能進駐災區。

而地震之後的兩個星期內，旺旺靠近大陸西部與北部的工廠，從重慶、蘭州、西安、昆明、北京到天津等地，工廠每一天都加班，只為了趕出更多的產品送到災區。

「災情就是命令！」蔡衍明把大陸中央救災中心這句動人心魄的口號謹記在心，也用這句話來叮嚀幹部，不用等到上層指揮如何應變，直接就要以具體行動做出反應，這也是一個企業領導者應該要有的擔當。

五月十四日下午九點，有一名在香港的投資者寫電郵鼓勵旺旺，內容是這樣的：

「當我在香港從新聞中看到一些災民正在吃我們公司的產品，我為旺旺公司感到驕傲和自豪！我相信，作為在中國一家有名望、有責任擔當的公司，旺旺已將我們的產品捐贈至了災區。作為一個旺旺的投資者，我完全支持貴公司及你們這種負責任的捐贈行動，另外，我希望能夠從新聞中看到更多我們的產品送達災民手中。」

香港的上市公司及投資人一向以資訊透明、強調績效為重，但旺旺的投資者顯然已被旺旺的做事速度所感動。

經營企業的心意，災民和消費者都感受得到

四川氣候溼熱，這次大地震之後能夠馬上控制住疫情，旺旺的「水神」也助了一臂之力。

這是一種微酸性的透明液體，最早是為了徹底殺死細菌而研發，是許多日本食品界工廠採用的「祕密武器」。旺旺才剛向日本取得專利授權，準備推出「旺旺水神全效抗菌液」，但是為了支援災區的消毒防疫工作，旺旺提前讓這項產品投入市場。

一九九八年華東發生大澇時，旺旺也捐出一千四百多萬人民幣，相當於七千萬台幣，創下當時台商捐款的最高金額。

而這幾次天災之中，最讓蔡衍明感慨的是大陸中央到地方的救災能力。天災之後，人民的生存權、教育權和居住權都受到威脅，在數千萬人無家可歸的情況之下，大陸政府能馬上擬出安頓計畫，這是很不容易達成的。在極短的時間內完成數千萬人的人道救援，解決了數千萬人的問題，蔡衍明說：「這等於幾千萬人都被照顧到了。」

蔡衍明也觀察到，大陸發生水災、地震時，許多書記跑到第一線去勘災，都表現得很鎮定，即使生死攸關也不為所動，就好像古人所言，做官是一種天命。這其實考驗著中國官員的抗壓性，蔡衍明印象最深的是SARS期間，大陸官員到第一線視察災情，竟規定不准戴口罩，以免影響形象；不過書記和省長會分開巡視，以「分散風險」。

所以蔡衍明認為，如果中國的政治情勢能夠持續穩定，經濟一定不得了。蔡衍明進入中國內陸省分經商二十多年，不可能不了解中國政治的問題，但是他認為，如果政治能持續走向穩定之路，人民過去受到的天災人禍及各種災難的考驗就比較值得了。

這次汶川震災，旺旺除了捐錢、捐貨品，更重要的是旺旺醫院的參與，成為除了國營公立醫院之外，第一家參與轉診治療的中外合資大型醫院，也是援助四川地震傷患的唯一一家台資醫院。（詳見本章第三節）

旺旺不是大陸員工最多的台商，不過最早和地方一起發展醫療體系。旺旺不是營業額最高的台商，卻是反應最快的台商。旺旺更不是宗教團體，卻用超越營利之外的思考參與救災。

這是旺旺經營理念的起點。旺旺的企業經營理念第一條，就是「緣」，一種人與人之間獨特的關係，不管是因為工作、家人、朋友，每一個人都要珍惜這種「關係」，而且這種關係無處不在。

旺旺以「品牌」和成千上萬的人結「緣」。像一名接受旺旺援助的四川居民來信寫道：「災後的破碎景象總是讓人氣餒，但是每次看見旺旺包裝上的那個『旺仔娃娃』，我的心就溫暖了起來。」

可愛的旺仔大大的嘴巴裡，仔細觀察會發現裡面有一顆心。有了這顆心，才可能拓展更大的市場，成為休閒食品的霸主。

第2節

入口，更需要品牌

二〇〇八年六月，旺旺集團的湖南望城總廠區接到一封特別的來信，內附文件是來自貴州省余慶縣小腮鎮「茶園小學」的一份手抄報紙。

這份手抄的報紙內容除了學習成果發表外，最特別的是利用四分之一的版面製作了一個「廣告」，大大的標題寫著：「我們想喝旺仔牛奶！」旁邊的文字則強調旺仔牛奶口味獨特，並且對小孩子的發育很有幫助。

貴州是中國三十多個行政區域之中人均所得最低的一個省分，而茶園小學只有二十九名學童，他們生長在群山環抱的大山裡，大多與爺爺奶奶或外公外婆相依為命。當地是個地處偏遠、環境艱苦的典型貧困山區，學校周邊沒有商店，連最近的小賣部都距離三個小時的車程。

用「手抄報」主動幫旺旺做宣傳，是這群小朋友的主意，因為對偏遠鄉村的小朋友來說，「旺仔牛奶」距離他們很遙遠；或許因為價格的關係，有些同學可能偶爾嚐鮮一下，滋味令他們難忘，有的同學則根本還沒有機會嚐到。他們想到，如果用這個方式製作廣告，也許可以讓旺旺知道，大山裡有一批渴望旺仔牛奶的消費者。

旺旺湖南總廠廠長林焰火接到這一封信之後，並沒有視做「兒戲」，而是交代最靠近貴州省余慶縣的貴陽分公司營業所，將一紙承載著旺旺愛心的內聯單，由湖南總廠發至貴陽分公司，請就近的營業所代為贈送旺仔牛奶給茶園小學的孩子們。

由於路途遙遠，交通不便，林焰火擔心不能在第一時間滿足孩子們的心願，甚至一再請祕書追蹤進度，直到貴陽營業所把產品送出、交到孩子們手中，終於回應了這一群孩子的夢想。

企業該以什麼樣的心態回應顧客的需求？

從企業經營布局的角度來看，這也是回應顧客需求的一種方式，從總廠區到營業所，再到便利店或夫妻老婆店，讓消費者方便購買。旺旺在全中國除了有一百零三間工廠，目前共有三十四個銷售分公司、三百五十六個營業所，涵蓋了全中國兩百萬人口以上的地級市及周邊。

但旺旺仍不滿足，因為還有更多的鄉鎮城區小孩有著想喝旺仔牛奶的夢想，旺旺必須讓這些「夢想」加速實現，也就是全面擴大產品覆蓋率，將營業所業務代表負責的通路範圍從原本一千四百多個縣城，再擴至三萬八千多個城區。

也難怪大陸平安證券分析師陳遜曾經公開對媒體指出，旺旺在中國大陸的市場渠道擁有強大優勢，已經鋪到鄉、鎮等五級市場。「這種強勢的渠道，在行業內只有娃哈哈能與之匹敵。」陳遜強調。

也是因為有強大的通路，如果產品的品質很好，可以讓品牌發揚光大；但如果品質不好，一下就完蛋了，三聚氰胺事件就是最好的例子。

二〇〇八年奧運剛結束，九月十一日的上海《東方早報》就報導「甘肅十四名嬰兒同患腎病，疑因喝三鹿奶粉所致」。當晚，中國衛生部在網站正式發文，稱懷疑「石家莊三鹿集團」生產的嬰幼兒配方奶粉受到三聚氰胺汙染，提醒公眾立即停用。

三聚氰胺是一種含氮的化合物，黑心商人將之加入奶粉之中，以提高檢測蛋白質含量時的含氮值，完全不管幼小生命的健康。三鹿是中國乳業的領頭羊，但不僅品質管理不周，更提供這種含三聚氰胺的奶粉給許多乳製品及糕餅業者作為食品原料，這樣一來為害更鉅，最後全中國因食用含三聚氰胺奶粉導致住院的嬰幼兒高達一萬多人，官方確認因喝了三聚氰胺奶粉而死亡的嬰兒有四例。

事實上不只是大陸，日本在二〇〇〇年時也發生「雪印乳品事件」，乳品檢測出遭到金黃色葡萄球菌汙染，讓一萬五千名消費者中毒；美國在二〇〇六年也發生美強生（Mead Johnson）的「Enfamil Gentlease」嬰幼兒奶粉含金屬顆粒，全球召回了四萬罐奶粉，說明了乳品安全問題一直存在而且持續。

大陸奶品市場的質和量，對政府和廠商來說都是一大考驗。從二〇〇八年九月十四日到十一月三日，針對全中國的固、液態奶，國家質檢總局總共進行二十次的三聚氰胺檢驗，從四十二個城市抽取一百八十七個品牌，旺旺全部都過關。

以特色和高品質回應消費者

旺旺能通過最高標準考驗的關鍵，就是一開始的「產品定位」。「旺仔牛奶」自從一九九六年在大陸上市時，就確定要做「中國最好的牛奶」，所以用的是紐西蘭的奶源和最先進的進口設備，一瓶二百四十五毫升的罐裝牛奶，市場零售價是三點八元人民幣；當時「蒙牛乳業公司」的二百五十毫升產品定價是二元人民幣，「光明乳業」是二點五元人民幣，旺旺的價格高出了近四成，但是提供給消費者完全放心的品質和香甜口感。

事實上不只重視原料和設備，蔡衍明一開始就很清楚這關乎「管理問題」。為了強化乳品事業部門的管理，蔡衍明特別聘請曾任日本森永乳業董事、食品綜合研究所所長的富田守博士來擔任高級顧問，富田守有五十年的乳品研究經驗，可以協助旺旺在研發和生產方面的創新，都能同時符合最高的食品安全標準。

由於大陸市場對於優質乳製產品有很大需求，所以旺旺也不放棄尋找大陸國內外的高品質奶源，於是啟動「五一〇」計畫：在五年內建設十個世界一流的奶源供應基地，每一個基地都要有一萬頭以上的乳牛，確保奶源封閉和奶源自給，才能真正的控管品質，同時擴大旺仔牛奶的生產能力。

除此之外，企業組織的調整也能讓資源更集中，做出更好、更有特色的產品，因此旺旺於二〇一〇年將原有的八個事業部整合成兩大主要事業群，一是以「旺仔牛奶」帶頭的飲品事業群，另一是以原有米果帶頭的休閒食品事業群，希望能快速反應市場對高質量產品的需求，並深化「休閒食品」的經營，進一步推出「有特色」的產品。蔡衍明強調旺旺的產品一定要有「特色」，從米果、風味乳、小饅頭、牛奶糖等，銷售量都是全中國排名第一。

有了特色，消費者就會回應，即使中國幅員再大也不怕。就像茶園小學二十多位小朋友的期盼，顧客從認同產生行動，其實就是從「心」開始，彼此有互動，更見品牌的力量。

「現在連『可口可樂』也只打中文商標了！」蔡衍明就指出，「可口可樂」用中文，是為了更接近中國消費者的心，未來能讓十三億人口看得懂、受到肯定的品牌，才是最有價值的。對中國人來說，特別是入口的食品，很需要讓人放心的品牌，更不用說其他帶動潮流、尋求夢想的品牌了。

茶園小學的這個故事還沒有結束。七月二十一日，湖南廠總廠長林焰火收到茶園小學的第二封來信，表示感激之餘，也告知貴陽分公司不僅送去林總廠長託付的旺仔牛奶，同時還送去了分公司自發捐贈的兒童T恤二十九件、成人T恤三件，外加當地縣城代理商送去的旺旺大禮包三十二包，以及乒乓球拍、羽毛球拍各兩副，羽毛球十個，其他飲料三十六瓶。

最後，這封信附了一張照片：貴州的小朋友喝完「旺仔牛奶」之後，在幾經修補的地面上，用了一百一十個旺仔牛奶罐組成一個「心」形，而心形裡面的地上，有三行清晰的粉筆字組成一句話：「茶園小學向旺旺公司致敬。」而在心形上方，二十九名身穿紅色旺旺愛心T恤的孩子，手捧旺仔牛奶紙箱，眼裡流露出喜悅、期盼、感動……

品牌，也啟動了中國下一代的創造力。

第3節

從「放心」到「創新」

二〇〇八年五月二十六日下午一點三十五分，五十一位來自四川的地震傷患，陸續進入湖南長沙旺旺醫院專設的緊急救護綠色通道。

震驚海內外的「汶川大地震」除了造成五萬人死亡，還有數萬名傷患要在第一時間接受醫療，按照中國中央衛生部的規劃，將由二十省的三百四十家醫院來分擔一萬多名轉診病人，其中湖南省預計接收五百名病患，送往湖南主要的「三級醫院」，包括湘雅醫院、旺旺醫院等。

所謂「三級」，相當於台灣的教學級醫學中心，是最高等級的醫院。二〇〇五年五月創立的旺旺醫院，不但是中國大陸第一家由中、外合資的大型綜合三級醫院，也是第一家國際ＳＯＳ救援中心定點醫院，所以成為唯一一家接收汶川大地震傷患的民營醫院並不意外。

「我們準備好了！」汶川傷患抵達旺旺醫院的前一天，旺旺醫院執行長鄭文憲在他的博客親筆寫下了八百字的感言，強調醫務人員多年來受的訓練，正是等待幫助別人的這一刻。「這是我們為什麼要創立醫院的意義！」鄭文憲寫道。

懷著感恩與創新的心意，旺旺跨足醫療產業

時間回到二〇〇一年，大陸準備開放外資經營醫院，蔡衍明得知消息後，馬上籌畫醫療項目的投資。蔡衍明說，旺旺集團的第一個工廠在湖南建起，也在湖南發跡，除非在湖南找不到地，否則旺旺集團的第一家醫院一定要建在湖南，以回饋鄉梓，造福社會。

於是在湖南政府全力相挺之下，旺旺成功地切入了醫療事業，計畫興建一千三百張病床的大型綜合醫院，目前營運部分約六百床。

走在醫院的走道上，就算不是病人，也可以發現從兩側的牆角弧度設計到隔間安排，都融入了德國式的沉穩和美國式的創新，而小處從垃圾桶的規格、大處到走道的通行方向，也都融入了旺旺管理系統的巧思。

除了規模之外，更重要的是醫療技術。創院董事長鄭俊達本身就是台灣骨科權威，從創傷骨科到關節外科有完整的診療，因此骨科是創院的重點之一；另外像是建院的第三年就開始引進腦神經介入治療、體外循環心臟手術等服務，很快也成為全中國最先進的重鎮。

對蔡衍明來說，當初會成立旺旺醫院，主要的想法是「感恩」和「創新」。

在「感恩」方面，醫療事業和人的生老病死有關，以台灣社會發展來說，這是一項不但可以獲利、更可以「積德」的行業，一方面回饋社會，一方面也可以幫助病人，建立企業的信譽。所以在台灣，只要是成功的企業，一定會切入醫療事業，像是「經營之神」王永慶的長庚醫院、「首富家族」蔡萬霖的國泰醫院、吳火獅的新光醫院、尹衍樑的書田醫院等，這可說是一種「感恩」事業。

只是台灣的醫院已經接近飽和，最近二十年來，成功的企業即使有資金，也很難找到人才和市場，像鴻海、富士康的郭台銘就不得其門而入。另一方面，能夠到大陸服務更多的人更是許多企業家的心願，例如長庚醫院在台灣經營成功後，王永慶最大的心願也是在大陸廈門成立醫院，造福更多的人。

第二個層次的感恩則是屬於比較「個人」的。

一九九六年旺旺在新加坡上市之後，蔡衍明來回奔波於台灣、大陸和新加坡之間，忙碌於旺旺的版圖擴張。二〇〇三年一次蔡衍明身體不適，他不以為意，新加坡當地醫師也診斷為一般感冒，只打了一般的感冒針，沒想到後來發燒不止，他馬上打電話給大姊夫鄭俊達醫師，鄭醫師一聽他的狀況，就知道他已受到病毒感染，要他馬上趕回台灣治療。蔡衍明回台灣時，已陷入了昏迷狀態，後來診斷為敗血症，幸好鄭醫師組織醫療團隊對症下藥，蔡衍明的身體也慢慢恢復了。

家人坐鎮，心意相通

鄭俊達的妻子，也就是蔡衍明的大姊蔡澄江，他們結婚的時候，蔡衍明才五歲。蔡澄江一直對這個小弟照顧有加，特別是蔡衍明的母親過世之後，等於由蔡澄江長姊如母照顧蔡衍明，早年蔡衍明的事業出現危機時，也是蔡澄江一路力挺（見第二章第四節），現在鄭醫師又及早診斷出蔡衍明的病因、及早治療，不致變成敗血症，說蔡澄江「有恩」於蔡衍明並不為過。

蔡衍明還躺在病床上時，有一次對蔡澄江的兒子、小他六歲的外甥鄭文憲感嘆地說，經營一家有水準的醫院，一直是我阿爸、也是你爸爸的願望，我們有機會就一起實現吧！

事實上，在台灣沒有經營過醫院、直接在大陸投資醫院的台商，旺旺是第一家，而且只有蔡衍明的姊夫有醫療背景。「現在想一想，大陸的醫療市場動輒一個醫院千張床，連外國人都不敢碰，我們是憑一股傻勁創立醫院。」鄭文憲感慨地說。

鄭俊達除了是台灣骨科權威，也曾擔任台北市著名的中山醫院的副院長。從旺旺醫院的規劃到設計、人力資源和發展方向，鄭俊達都全部參與，只不過他年事漸長，於是經營重任就落在日本早稻田大學商學研究所畢業的大兒子鄭文憲身上。

就像蔡衍明坦承自己從念初中開始就是「playboy」、高中文憑沒有拿到就去管工廠，其實鄭文憲年少輕狂的程度也不遑多讓，念書的時候經常開著跑車呼朋喚友。鄭文憲幾乎是蔡衍明的翻版，因此兩人從小無話不談，鄭文憲說，他「最悲慘」和「最風光」的時刻，他阿舅都知道，雖有時也會彼此誤解爭吵，但大家都是一家人。

蔡衍明創立旺旺時，鄭文憲就是一個「小跟班」，後來也從常惹麻煩的公子哥變成發憤苦讀的留學生，特別是他一舉考進日本名校早稻田大學研究所，讓家族親戚大吃一驚的程度，不下於蔡衍明靠米果反敗為勝的經歷。鄭文憲由早稻田畢業之後，先在日本金融業工作，後來回台灣進入日商大和證券的程式交易部門，一路晉升擔任主管。

鄭文憲赴日本之前，經常開車載「阿公」蔡阿仕到觀音山去看長眠於山中的阿媽。「他們真的很相愛！」鄭文憲回憶。家族之間有一股看不見的力量彼此相繫，鄭文憲和蔡衍明年輕時最相似的地方，就是因為孝順而接下父親的事業。「我會回來管醫院，一方面是不忍父親投入的操勞，一方面也是感恩阿舅把這個重任交給我們！」鄭文憲坐在長沙的醫院辦公室裡回憶著。

承繼台灣的醫療服務精神和旺旺的創新精神

醫院是旺旺當時最大的一筆、也是最重要的一筆業外投資。事實上，這家醫院也沒有讓蔡衍明失望，二〇〇五年九月一日先試營運，十二月三十一日這一天，旺旺醫院正式對外營業。

很難想像之前擔任外資銀行交易員的鄭文憲，搖身一變跑到工棚裡上班。鄭文憲還記得二〇〇五年過農曆年時，為了加速趕工，他除夕那一天沒有回家陪家人，反而去陪兩百多位民工，除夕那一整晚和民工們打交道、猜拳、給紅包，這些民工看見領導如此尊重他們，大年初一下午就開始上工，每天都在工地趕工，到了初十五時，一千兩百名員工全都準時返院趕工。

從二〇〇三年六月三十日打下了第一根樁，隔年六月二十四日第一期醫院大樓封頂，在不到一年的時間內完成八萬四千平方米的主建築。旺旺醫院的初期投資預算只有六億四千萬人民幣，比其他兩家台資醫院長庚醫院、明基醫院的預算都要少，但建成速度最快。

鄭文憲也是蔡衍明在醫療創新方面的重要推手。蔡衍明說：「我每次去醫院看醫生，都會有一些緊張和害怕，有一種無助的感覺。」他對鄭文憲說，旺旺醫院將來一定要讓患者感到安心、有歸屬感，不要讓他們感到害怕。

旺旺醫院在二〇〇五年十二月三十一日正式開始營運，這是台灣醫療史上重要的一天，不但象徵台灣的醫療服務精神開始在大陸發展，也承繼旺旺企業的創新精神。而旺旺醫院的第一種創新，就是服務模式的創新。

以旺旺醫院的第一線入口急診中心為例，依序是影像中心、檢驗科、重症監護室、手術室，由一條兩米寬的大走廊相連通；這是所謂的「有機結合」，形成一個醫療程序的整體，做到「方便快捷、以人為本」，讓病患馬上就可以放心。而急診中心的診間細分成「搶救室」、「分診間」、「急診手術室」、「急診留醫部」，可同時容納四十五人留院觀察。

第二種創新是營運制度的創新。鄭文憲坦承，會加入新醫院的員工，不管是來自台灣還是大陸，許多是具有「冒險性格」的員工，但旺旺醫院還是要靠制度來做人員管理，包括電腦系統的建置，用數位影像管理來協助醫師的「望、聞、問、切」，加上內部護理人員有計畫的訓練及公平升遷考試，讓病患覺得醫院每一名員工都很專業。

這幾年來，鄭文憲在事業上每天追求創新，以應付外在激烈的變化和競爭。回到家裡，他最愛看的是老子、莊子的思想以及《清靜經》，來提升自己的修為境界。這幾年，他更深一層體會到蔡衍明強調的公司文化：緣、自信、大團結。

鄭文憲認為，在今天中國的經營環境之下，「緣」，代表的是「認真」，也就是每個人把事情做好，人與人之間就有善緣；有「自信」，工作才能迅速達成，因為信守承諾才會「大團結」。所以，「緣、自信、大團結」是一連串的對應關係，讓企業可以踏出更大的步伐。

第4節

右手拿筆，左手撫心

蔡衍明一年待在台灣的時間不長，只有一百五十天，但是旺旺回台灣上市後，開始有很多人認識他，蔡衍明只能自嘲：「以廣告人的話來說，要不出名才很困難。」每次回台灣呷完魯肉飯之後，蔡衍明有時會回到位於台北市敦化南路的老辦公室，這裡是他從經營一個即將破產的公司直到成為休閒食品巨人的起點。

一進辦公室裡，座位後面有一個大字映入眼簾，這個大字，不是武打電影中流行的「忍」字，也不是儒家傳統的「仁」字，而是一個大大的「己」，自己的「己」。

「我認為，反省自己，是做人的基礎，也是我事業的開始。」蔡衍明說，他把大大的「己」字，放在自己看得見的地方，不管是遇到困難或是成就非凡，都要時時提醒自己的定位，從一個簡單的「己」字開始。

從一九八四年開始，這個「己」就陪伴他事業枯榮。隔一年，這個「己」更發展成五個「己」，他的「座右銘」隨著旺旺壯大，也變成了「公司訓」。

認識自己，堅守本業；反省自己，理直氣壯

首先，第一個己，是「確實認識自己」。包括長處、短處，包括慣性、本性，其中最難的，就是打破自己慣有的成見。

蔡衍明印象很深，十多年前大陸人對於台灣人還很好奇，有一次他在上海火車站辦事，一位打掃清潔的上海婦人看見他穿著不太一樣，便問他是不是台灣來的，於是兩人聊起天來。這位婦人開始數落大陸政府的種種不是，一直不停抱怨，蔡衍明心想，如果不附和幾句，好像顯得沒有共鳴，於是也隨口批評了幾句，沒想到對方聽到這兩句，竟馬上翻臉，甚至做勢要打他！這把蔡衍明嚇了一跳，所幸朋友趕到，把他帶離現場。

大陸人的死忠、愛國心之深，讓人難以想像，而這只是大陸人心讓人難以捉摸的其中一部分。這個經驗讓蔡衍明了解，台灣人在大陸發展，要學習的地方太多，而且專心本業更加重要。這也是蔡衍明幾乎完全沒有參與大陸當地政經活動的原因，甚至二十年來連台商會都沒有參加，無非是希望低調且本分地在中國市場發展。每次有人猜測他和中南海的關係，蔡衍明總是半開玩笑地說：就連賈慶林（大陸政協主席），我都只握過一次手而已。

所以，許多了解兩岸的台商都私底下說：「大陸如果要找人買台灣媒體，也不會挑蔡衍明！」

第二個「己」，是「切實反思自己」。

有一次蔡衍明和大陸朋友應酬，對方一直很關心台灣的狀況，突然用了一句台灣習以為常消遣政客的「順口溜」來比喻台灣總統大選政黨輪替：「聽說你們走了一個壞蛋，來了一個笨蛋！」

批評消遣政治人物的話語，每天都在台灣上演，但是同樣的話出自大陸朋友口中，蔡衍明突然覺得五雷轟頂，難道台灣政治人物就真的這麼差、領導人就這麼沒有尊嚴嗎？

兩岸關係從二〇〇八年後開始改善，資訊交流愈來愈多，從那時起，蔡衍明常常告誡台籍幹部，可以批評官員的政策，但是不要去汙辱別人的人格，否則長期下來，「對台灣的自信心絕對是傷害，有能力的人更不願意為大眾服務」。蔡衍明說，台灣擁有比別人更多的自由，一定更要有反省的能力。

切實反思自己，有助於確實認識自己。蔡衍明有著好打抱不平的個性，遇到不公不義的事情當然不會吞下去，但前提是「反省」一定要確實：我的投資會不會傷害到別人？我說的話會不會傷害到台灣？

就像回台灣投資、開創新事業之初，他理直氣壯的個性，也與學者弄得關係緊張。有時他自己回到辦公室想一想，這些官員學者的壓力是不是也很大呢？而集團一再受到有計畫、有串連的攻擊，同仁們看不下去、同仇敵愾而做出反擊時，會不會使社會誤解更深？

蔡衍明說，反對他的立法委員也不少，但是除非顛倒是非、誤導群眾，否則他絕對虛心受教，當做是反思自己的機會。因為有了切實的反思，所以面對外界的指責時，更能夠理直氣壯。

隨時提醒自己、把握機會，才能做最大的發揮

第三個「己」，是「隨時提醒自己」。

只有確實認識自己、反思自己，才會時時刻刻有危機感，也才能時時提醒自己。

「台商從十多年前就開始出現警訊了。」蔡衍明舉了一個最淺顯的例子，幾年前常有人喊「台商包二奶」，於是去大陸的台商、台幹都被「有色看待」，只要是派駐大陸的台幹，很容易會受到另一半懷

疑，是不是在當地另有新歡，引起不必要的家庭糾紛，夫妻一天到晚為了莫須有的事情吵架。

其實從十多年前開始，大陸就已經濟起飛，台商、台幹早就無法吃香喝辣，必須努力經營才有成果。然而媒體不會提醒台灣民眾「大陸追上來了」，反而喜歡報導台商的負面行為，一直讓蔡衍明覺得很遺憾。

「像我們這種賺五角錢、一塊錢生意的公司，真的比較深入大陸民間。」蔡衍明說，外界經常把台商汙名化，好像台商總是生活亂來、賺來的錢是不義之財，有時那真的是媒體的誇大之詞，報導偏頗。而每次他說明大陸的現象，不是要幫大陸解釋什麼事情，而是想要反映真實狀況給更多人知道，至於許多人認為他幫大陸講話，他不以為然地說：「這是因為我們不認識自己。」

第四個「己」，是「篤實把握自己」。

了解自己，就會把握自己，不會因為看不起自己而繼續內耗，這樣反而更沒有自信。在蔡衍明眼中，先自立自強、停止內耗，就是台灣人篤實把握自己的方式。

媒體界的大黑馬

第五個「己」，是「絕對發揮自己」。

蔡衍明十多年前就到大陸做生意，所以非常了解兩岸正確資訊的重要性而進軍媒體，這就是想「發揮自己」。而蔡衍明想要投資媒體，主要目標是電視。

因為旺旺製播廣告的關係，蔡衍明從一九七九年開始接觸電視媒體（詳見第六章）。二〇〇七年時，正好遇到台灣第一家無線電視台——台灣電視公司準備釋股走向民營化，由於蔡衍明曾在商場上往來應酬中提到自己對於媒體經營的看法及接觸媒體的經驗，這些話傳到了當時東森媒體集團總裁王令麟的耳中，王令麟特別在大陸和他碰面討論，希望合作參與釋股招標。

沒想到王令麟回到台灣後，就發生他父親王又曾犯下金融史上最大的「掏空案」，王令麟被捲入其中，於是旺旺只好自己參與台視招標。而旺旺準備參與投標的消息一傳出，讓競爭更加白熱化，共有鴻邦建設（代表《自由時報》）、大豐有線電視、年代集團、非凡電視台及旺旺集團等五組遞標。

對蔡衍明來說，本來他只是好奇、小試身手，但是馬上就被外界封為入主台視的「黑馬」，勢在必得，這讓蔡衍明覺得很驚訝。開標結果一公布，竟然是非凡得標，《自由時報》、年代這些媒體老手反而落馬，而第一次參與的蔡衍明則自嘲「黑馬」變「灰馬」，機會飛走了！

這次落馬，讓蔡衍明開始深入了解媒體投資。二〇〇八年初，東森電視預計進行增資計畫，外界高度關注。旺旺集團本已和私募基金凱雷集團簽定了投資意向書，預計買下百分之四十的股份，但是到了最後一刻，談判沒有成功。

二〇〇九年底，八大電視也尋找買家，最後宣布決定賣給韓國MBK基金。在併購記者會上，八大董事長林柏川提到原本許多企業都有興趣，其中也點到了旺旺集團。從台視、東森到八大，外界發現每次有媒體要出售，就會出現旺旺的名字，現任旺旺中時媒體集團執行副總施養昇就指出：「搞到最後，好像不買都不行了。」

所以當中國電視公司、中天電視、《中國時報》「三中」出售機會出現，其實是因緣具足。蔡衍明表示，他不知「三中」和其他集團接觸的進度，但是他和中時集團董事長余建新接洽不到三週，雙方一拍即合，最後一次會議不到一小時，他就決定買下三中集團，蔡衍明對朋友說，這完全是「緣分安排」。至於購買金額，他說賣方才有透露的權利。

等待展翅的媒體事業

二〇〇九年十一月，蔡衍明帶著蔡紹中進入《中國時報》七樓會議室，和所有經營主管認識。他經過余紀忠伉儷銅像時特別表示：「只要我經營時報一天，銅像就會留在這裡。」入主第一天，蔡衍明就表達延續余紀忠辦報精神的誠心。更令人訝異的是，蔡衍明雖然有許多媒體界高層的朋友，但是他沒有帶任何一名主管進入中時報系，只憑著一顆誠心，就展開旺旺文化與中時文化的磨合期。

旺旺中時集團執行副總吳根成就回憶：「蔡衍明相信中時人才濟濟，他要做的，是給我們更多的信心。」這個「信心」，不但包括「不裁員」，而且調整薪水、徵求年輕人才。

吳根成在中時已二十七年，擔任過編輯部和業務部主管，見證近十年來的紙媒命運，幾乎都只有逐步收掉和一波一波裁員。但是他認為，數位化帶來的革命浪潮，其實讓媒體影響力更大，這是因為媒體平台和載具的改變，若再加上策略整合及華文市場基礎，「中時集團的科技可能不是最領先，卻是未來最有機會成功的數位媒體」。吳根成說，要迎接這樣的轉變，需要從新聞教育和分析能力著手。

每年十一月十一日，是所謂的「旺旺日」，因為這是「一」字（也就是「One」旺字諧音）最多的一個日期。旺旺投資中時的第一年，吳根成和其他中時幹部受邀到上海旺旺總部參加「旺旺日」，當他看見慶祝的煙火在上海灘冷冽的黑夜中綻放出耀眼奪目的光芒，不同的炸開的焰火抓住不同的讚嘆，作為媒體人，他內心其實很撼動：一家台灣企業能夠在全球競爭最劇的市場占有一席之地，他看見一個來自台灣的年輕人建立跨海峽的集團，見證了台灣必須更自信地和中國的發展努力併肩前進。

蔡衍明入主媒體後，對主管的最高要求只有一項：「道德心」。吳根成指出，所謂「道德心」其實很簡單，蔡衍明一再對內部主管強調：「我很愛面子喲！你們一定要叮嚀報社同仁絕不能收別人的錢，寫錯文章就要誠實向別人道歉！」

賺錢，是一種「成就感」，花錢，也一定要花得有意義，這是一種「榮譽感」。蔡衍明認為，就算報社虧錢，他也不干涉編務，但是他要求「道德心」，這個道德心，包括記者本身的操守、報導的「同理心」的立場、尊重事實、尊重人性、讓生活更美好，就像吃進口中的食物，一定要有良心。

「所以我常提醒同事，右手拿筆時，左手要摸著自己的心！」蔡衍明嚴肅地說。

以「誠心」結合「志同道」，開創空前的媒體新事業，他已經開始發揮自己的夢想了嗎？

蔡衍明淡淡地說：「我想要做的事，還沒有開始。」

比賽愛台灣

一九八九年，台灣企業成立基金會的風氣還不普遍，當時蔡衍明三十三歲，就成立了「仕招社會福利慈善事業基金會」，以企業的獲利回饋社會。基金會以他的父母蔡阿仕和蔡陳招為名，代表了感恩和念情。

其實，蔡衍明早就忘掉自己何時成立基金會，印象中他只是「公司一有了盈餘就成立」。當時內政部剛頒布基金會的成立辦法，「仕招基金會」的申請排名數一數二。

這個基金會早在二十多年前就成立，但是和蔡衍明的個性一樣低調。捐錢人人會捐，蔡衍明捐起錢來也有不一樣的個性。

首先，他的基金會強調老人關懷，包括獨居無依的老人和老人娛樂。在蔡衍明眼中，無依無靠的老人們可能曾經風光過，可能曾經享受過，也可能一輩子一事無成，總之努力奮鬥了一輩子，到了老年卻對一切無能為力，而且未來已毫無希望，這是人性中最要照顧的地方。

所以，不像許多基金會喜歡捐贈學生營養午餐，蔡衍明認為，小孩子再怎麼苦，和老人相比，未來還有希望，而有希望，就有一分幸福的力量，況且小孩還沒有經歷過人生高低潮、沒有比較過富貴貧寒，也不是那麼了解失落的痛苦。但是老人就不一樣了。不過，蔡衍明還是捐贈過營養午餐。「那主要是捐給小朋友的父母！有一些父母沒有錢，繳不起營養午餐費用，造成帶小孩一起自殺的風潮。」蔡衍明強調，他想讓父母們保留一些尊嚴。其次，在社會關懷方面，蔡衍明也會特別捐款給「日日春」等組織，幫助早年性工作者安頓心靈。

「古早許多女性，真的是為了家計而沒有選擇，為了照顧弟妹而出來討生活。」蔡衍明感嘆地說。結果，年輕時為了家庭犧牲自己，老了還被整個社會看不起，他覺得太不值得，這是他想幫助性工作者的初衷。

從另一個角度來看，現代社會有了多元選擇，更應該尊重前人走過的腳步，尊重社會發展過程中的各種工作權，包括「性工作者」。對蔡衍明來說，獨居老人、弱勢婦女，都是台灣社會發展的一部分，也都是我們的一家人。

再者，行善也要有「道德心」，把企業賺來的錢，懷著感恩的心情捐出。如今社會上開始出現愈來愈多的基金會，蔡衍明反而更謹慎使用「愛心」，在他眼中，如果濫用愛心，或是不當使用，那比一般詐欺還要可惡。

誠如第一章第三節言提及，早從蔡衍明父親的時代，就捐獻了大稻埕地區第一座民間圖書館，這種回饋地方鄉里的家風，對於蔡衍明來說很自然，就是取之於社會用之於社會，他根本不會想到「愛台灣」這種名詞。所以三十年後，當外界質疑他會傷害台灣時，他反而開始自問：「我不愛台灣嗎？」

如果可以用金錢數字來衡量「愛台灣」的代價，那麼蔡衍明絕對有信心贏得這項「愛台灣比賽」。「愛台灣比賽」的第一項標準，如果是用「利益實現」來評分，則許多布局兩岸的台灣大企業集團不得不佩服旺旺。

二〇〇八年政府極力鼓吹「鮭魚返鄉」前，蔡衍明有朋友向他建言，旺旺根本不需要回台灣上市募資，一方面旺旺現金滿手，並不缺錢，另一方面香港股市前景看好，本益比也比台北股市高，回台上市其實很不划算。但是蔡衍明認為，台灣政府那麼努力拚經濟，像朱雲鵬這樣的官員一定要支持，所以還是決定回台上市（詳見第十章第四節）。

旺旺回台灣掛牌發行第一支存託憑證，定價是十五點五元，從上市開始就連拉九支漲停板，如果以兩年時間計算，最高時一度衝到二十八點六元，賣出的獲利可達百分之八十四點五。結果，公司內部有人批評當時溢價太低了，這樣的批評傳到蔡衍明耳中，他才向大家解釋：「我就是怕別人認為我是回來賺台灣的錢啦！」

更讓許多國際財務投資專家惋惜的是，蔡衍明如果不將港股旺旺的百分之三移到台灣發行，以二〇一二年六月的價格來估算，實現這百分之三的獲利，將可讓旺旺多賺二十億港幣，大約七十多億台幣。蔡衍明憑著一股熱忱，根本無法估算這「愛台灣」的第一筆代價。

如果「愛台灣比賽」的第二項標準，是從「產業投資別」來評分，旺旺無疑選擇一條最艱難的路。許多台商都以投資不動產為優先，例如康師父在台灣上市之後，以三十七點五億台幣買下台灣最高的一〇一大樓百分之十九的股權，作為投資台灣的指標。甚至連港資來台，例如壹傳媒，自從二〇〇一年就開始買進台北市內湖的房產，台灣房市炒作風氣達到高峰時，壹傳媒光是房產已坐擁百億台幣。

不只是返鄉台商、港資媒體投資不動產，甚至許多媒體集團的本業就是不動產，對於房價的變化、影響和資訊動見觀瞻，更需要有媒體專業的把持和自重，這是媒體產業的道德。特別是在台灣內有房價炒作高漲、年輕人無法購房成家，外有全球經濟動盪的不確定年代，炒作不動產已變成有錢人的專利工具及穩定獲利保證，而手握大筆現金的旺旺沒有大規模投入房產，反而買下中時媒體集團，同時創辦《旺報》，正式進軍媒體產業。

如果「愛台灣比賽」第三項標準是從「投資規模」來比較，旺旺目前也居領先地位。二〇一〇年，旺中集團宣布將從外商私募基金「安凱博」手中併購中嘉媒體，讓台灣最大的有線電視系統回歸本土企業手中，整個交易金額超過七百億台幣。

對蔡衍明來說，這純粹是一個投資。蔡衍明家族占有旺中集團百分之五十的股份，但是最後審查時，蔡衍明承諾NCC未來實現數位化的目標，早就超過了商業上投資的風險管理。也難怪蔡衍明在九月八日接受《商業周刊》專訪時提到，如果要比賽對台灣的貢獻，比賽誰為台灣人賺較多錢、誰為台灣做較多事情，「我絕對報名參加！」

所謂「愛」，含有包容的意義，所以蔡衍明一直對外強調，他和港資媒體或是房地產起家的媒體沒有個人恩怨，只有大是大非，只有比賽大家一起為土地為人民做了哪些事情。「愛台灣」是一種人性，不是投資，不能遇到困難和誤解就一走了之，而是一種堅持向上的人性正面力量。

人性，是蔡衍明的「道德底線」，不管台灣未來是向上還是向下。同樣的，對於兩岸華人，他也是一樣的心情，只要兩岸好，他並不介意旺旺中時集團的對手賺更多錢，但不能操作「兩岸不好，自己最好」的技倆，這是人性的黑暗面。

兩岸都好，對人民最有利。在台灣，蔡衍明有三個基金會；在大陸，他也在第一時間救助需要幫忙的人，因為不管是否為自由民主人權，不管何種商業模式，各種政治體制都是建立在人性之上。

總之蔡衍明認為，中國如果能讓政治持續穩定，未來的經濟一定不得了，而台灣一定要一起高飛，這也是這幾年來他一再為台灣官員打氣的原因，這是基於人性，也是基於媒體的「道德心」；對於政策有批評，對於個人尊嚴沒有人身攻擊和汙辱，這便是媒體「愛台灣」的方式。蔡衍明觀察兩岸官員，特別強調：「台灣官員如果被媒體隨便罵成這樣子，有能力的人誰想為人民服務？」

回顧歷史上中國盛世的形成，加上蔡衍明進入中國內陸省分經商已有二十多年，不可能不了解中國政治現況，他深深認為，只要兩岸持續走向穩定之路，人民過去受到的天災人禍和各種災難只是必經的考驗過程，所有人為了「愛台灣」所付出的代價，都是值得的。

致謝

關心我的朋友都知道這本書寫了很久，感謝我上一本書共同作者余湘董事長、導演林正盛、明基友達文教基金會執行長Jennifer、愛台灣基金會執行長Jessica等朋友常提醒我「外務」不能太多，更感謝許多媒體界朋友Sharon、Simon、T C、Peter、Amy等擔心我在媒體大戰中被貼上「標籤」，我想，讀者可能被移花接木的片斷資訊所誤導，但是翻開一本書，隨時可以重回原點思考，這點我對讀者很有信心，也感謝長期以來閱讀我作品的讀者指教批評。

這本書的寫作過程經歷了兩位總編輯，吳程遠總編輯耐心包容，王明雪總編輯綜觀全局，並且組織編輯團隊包括主編王心瑩，以及呂曼文、陳懿文和余素維在各階段協助我，讓我可以檢視題材後重新配速。另外，行銷團隊金多誠經理和陳佳美副理，則細心注意外界市場的變化，給我意見，也說明王榮文董事長和李傳理總經理堅持讓遠流成為作家創新和試煉平台的信念。

最近三年來雖然我只有兩本作品問世，卻有機緣參與了不同專業領域的規劃和投資，這包括了郭力銘董事長、羅智勇總經理、陳剛信常董、廖季芳執副、蔡明勳董事長、徐嘉森總經理、Richard陳、Allen 朱、Frank洪、Jenny、Jeffery、江總等，感謝他們這五年讓我對於創投環境有更深刻的了解，更豐富我處理商業題材的深廣度。

這本書最要感謝的，還是不吝惜和我分享旺旺精神的團隊，只要我人在上海出差，包括廖總、旺家、詹總、趙總、梅總、郭總、謝總、林總、李總、陳總、呂顧問及上海神旺飯店工作人員等都會找我聚餐，他們讓我從一個食品產業的門外漢，從中國內需市場的旁觀者，從資本主義價值體系的媒體工作者，重新思考東方式的經營策略。我記得有一次週日晚上，蔡董事長陪小朋友做完功課後，還到古北區小咖啡店裡解答我對於旺旺不了解的疑問，而在出書的最後階段，更感謝「大哥」蔡衍榮董事長提供老照片、旺旺醫院鄭執行長、Helen、Robert、天下前輩刁明芳副社長、楊祕書、王總監等穿針引線、提供建議，中時集團總管理處蔡紹中總經理、吳根成執行副總運籌帷幄，他們本身工作壓力滿滿，卻更認同應該要有一本書能呈現企業發展的原貌，也可以幫助讀者了解食品產業、了解中國。

寫作職志勞心勞力，思想補給則有賴師長益友，從學習到生活，感謝永遠理性的詩人CC羅、黃政哲師兄、大倫、Andy、P.Y.、旻璋、小海、修君、教我練功的柏虎和嘉蒂；移居加拿大生活單純自然，更因為萬姊一家、Emily一家、Elliott Herrera夫婦、Lisa夫婦等等更加有趣。這幾年來我一面努力旅行、一面努力回家，再次感謝父親母親的支持、大姊、二姊一家、陪老爸老媽聊天的叔伯姨婆。當我努力記憶父母容顏快速轉變和兩個寶貝Chelsea和Michelle快速成長的臉龐時，感謝總是默默付出的愛妻Demi，陪伴卻不打擾。

實戰智慧館 407

口中之心：蔡衍明兩岸旺旺崛起

作者——張殿文
圖片提供——亞洲週刊有限公司、宜蘭食品工業股份有限公司

主編——王心瑩
編輯協力——呂曼文、陳懿文、余素維
封面設計——文皇工作室
內頁設計——陳春惠
企劃統籌——金多誠、陳佳美
財經企管叢書總編輯——吳程遠
出版一部總監——王明雪

策劃——李仁芳博士
發行人——王榮文
出版發行——遠流出版事業股份有限公司　臺北市南昌路2段81號6樓
電話／(02)2392-6899　傳真／(02)2392-6658　郵撥／0189456-1
著作權顧問——蕭雄淋律師　法律顧問——董安丹律師
2012年12月1日初版一刷

行政院新聞局局版臺業字第1295號
定價／新台幣360元（如遇缺頁或破損，請寄回更換）

ISBN 978-957-32-7111-6
遠流博識網 http://www.ylib.com　E-mail: ylib@ylib.com

國家圖書館出版品預行編目(CIP)資料

口中之心：蔡衍明兩岸旺旺崛起 / 張殿文著.
- 初版. -- 臺北市：遠流, 2012.12
面； 公分. --（實戰智慧館；407）
ISBN 978-957-32-7111-6（平裝）

1.蔡衍明 2.企業家 3.臺灣傳記 4.企業經營

490.9933 101022929